Flexible Arbeitswelten
Changemanagement
in der Büroplanung

v/d\f

vdf Hochschulverlag AG
an der ETH Zürich

Dieter Boch,
Jennifer Konkol

Flexible Arbeitswelten
Changemanagement
in der Büroplanung

Lessons Learned
aus dem Flexible-Office-Netzwerk

Mensch▪Technik▪Organisation   MTO Band 46

Eine Schriftenreihe
herausgegeben
von Eberhard Ulich,
Institut für Arbeitsforschung
und Organisationsberatung

Bibliografische Information der Deutschen Nationalbibliothek

Die Deutsche Nationalbibliothek verzeichnet diese Publikation in der Deutschen Nationalbibliografie; detaillierte bibliografische Daten sind im Internet über http://dnb.d-nb.de abrufbar.

ISBN 978-3-7281-3517-9

www.vdf.ethz.ch
verlag@vdf.ethz.ch

© 2013, vdf Hochschulverlag AG an der ETH Zürich

Vorwort des Herausgebers der Schriftenreihe

„Flexible Arbeitswelten" (2004), „Flexible Arbeitswelten – So geht's" (2007) und nun „Flexible Arbeitswelten. Changemanagement in der Büroplanung" – das sind drei Bände zu einer Thematik, die in vielen Unternehmen hohe Bedeutung erlangt hat und deren Realisierung mit weitreichenden Konsequenzen verbunden ist. Bedauerlicherweise scheint aber nicht überall bewusst zu sein, welche Voraussetzungen in diesem Zusammenhang zu beachten sind und mit welchen möglichen Folgen zu rechnen ist, falls diese nicht berücksichtigt werden. So gehörte etwa zu den im ersten der drei Bände vermittelten Grundsätzen, dass die Architektur unterschiedliche Nutzungsarten zulassen muss und dass ein „flexible office" innerhalb einer solchen Architektur nicht eine Ansammlung, sondern ein Netzwerk von Arbeitsplätzen darstellt, das unter Berücksichtigung der ergonomischen Anforderungen über gemeinsame Ressourcen effizient verfügen kann.

Zu Recht hatte Dieter Boch in seinem Herausgebervorwort zum zweiten der drei Bände die Frage, ob es sich bei derartigen Entwicklungen um Modeerscheinungen handele, klar mit einem Nein beantwortet. Dennoch stellt sich immer wieder die Frage, ob die Realisierung solcher Vorhaben im konkreten Fall aus begründeter und begründbarer Notwendigkeit resultiert. Und ob nicht intendierte Nebenwirkungen jeweils hinreichend mit bedacht sind – bzw. ob bedacht wird, was zu tun ist, um derartige Nebenwirkungen vorbeugend zu vermeiden. Changemanagement ist eben „keine Spielwiese für Technokraten", wie Dieter Boch und Jennifer Kokol in ihrem Vorwort zu dem von ihnen herausgegebenen dritten Band über flexible Arbeitswelten zu Recht anmerken. Deshalb kommt hier auch der Darstellung des für die Leitung eines Projekts der Büroweltgestaltung erforderlichen Wissens und der Skizzierung eines entsprechenden Vorgehensmodells grundlegende Bedeutung zu. Die Struktur des hier vorliegenden Bandes überzeugt insbesondere auch durch den Aufbau der beiden umfassendsten Kapitel: Konkreten Erfahrungsberichten folgen konzeptionell orientierte Reflexionen, an die jeweils für die Praxis verwertbare Materialien „angehängt" werden.

Insgesamt wird hier ein interessanter Band mit einer Sammlung von reflektierten Erfahrungen vorgelegt, dessen Lektüre vielfältige Denkanstöße liefern kann. Manchmal ist es auch ein einzelner Satz, der einem zusätzlich vielleicht noch länger nachhängt. Zum Beispiel der Hinweis, „dass Office-Changemanagement ein wenig wie gärtnern ist" und dass „Pflanzen auch nicht schneller wachsen, wenn man an ihnen zieht". Ich wünsche diesem Band wie den beiden anderen Bänden über „Flexible Arbeitswelten" gerne eine weite Verbreitung. Der Herausgeberin und dem Herausgeber, den Autorinnen und den Autoren möchte ich für ihr hier sichtbar gewordenes Engagement und ihre überzeugende Arbeit einen herzlichen Dank sagen. Dem Flexible-Office-Netzwerk, dessen Arbeit im vorliegenden Band einmal mehr einen Niederschlag gefunden hat, das seinen Mitgliedern darüber hinaus seit seiner Gründung durch Stephan Zinser im Jahr 2002 jährlich vor Ort mehrere inspirierende Workshops anbietet, wünsche ich weiterhin viel Erfolg.

Zürich, im September 2012   Eberhard Ulich

Vorwort

Changemanagement ist ein wichtiger Baustein jeder erfolgreichen und nachhaltigen Veränderung. Unsere Welt ebenso wie unser Arbeitsleben unterliegt einem stetigen Wandel; so ist
auch ein Changemanagement keine Momentaufnahme, sondern ein kontinuierlicher Prozess,
der auch nach einem erfolgreichen Changeprozess intern weiter begleitet werden sollte.
Changemanagement beginnt vor dem Projektstart und ist noch nicht zu Ende, wenn das
Projekt abgeschlossen ist. Changemanagement ist kein Begleitprogramm, das von einer Fach-
abteilung übernommen werden kann, es ist integraler Bestandteil des jeweiligen Veränderungs-
projekts. Bei der Implementierung von modernen Bürowelten ist Changemanagement ein
Pflichtbestandteil.

Im Zuge der Entwicklung moderner Arbeitswelten im Büro versucht man, den Ablauf der
„geistigen" Arbeitsprozesse und die Zusammenarbeit zwischen den Beschäftigten genauso zu
betrachten wie den Ablauf der Prozesse in der Produktion und diese räumlich zu unterstützen
und abzubilden. Angesichts der Dynamik, welcher Organisationen derzeit unterliegen, muss die
Büroraumplanung den Spagat zwischen einer für die Bedarfe der Abteilungen massgeschnei-
derten Individuallösung und einer nachhaltig flexiblen Standardisierung meistern. Die Lösung
liegt hierbei oft in einem Flächenprogramm, welches eine Vielfalt von Flächenarten abbildet, sodass sich verschiedene Tätigkeiten innerhalb einer Abteilung sowie auch verschiedene
Arbeitsstile und Vorlieben der Mitarbeiter gleichermassen abbilden lassen. Das Ergebnis ist
eine neue Arbeitslandschaft, deren Potenziale für die Mitarbeiter und die Organisation nur
genutzt werden können, wenn Arbeitsweisen und -prozesse angepasst werden. Die Grundlage
für erfolgreiche Büroplanung im Sinne der Steigerung der Büroproduktivität und -innovation
ist folglich neben einer entsprechenden technischen Infra- bzw. Organisationstruktur eine
Verhaltensänderung der im „Büro" arbeitenden Menschen.

Erfahrungsgemäss ist Verhaltensänderung schwer zu initiieren. Bürokratien schlagen zurück,
„Zwänge" ersticken gute Absichten. Veränderungen widersprechen oft menschlicher Trägheit,
werden als Aufwand gesehen, erfordern zusätzliche Energie und stellen für den Betroffenen
eventuell sogar ein Risiko dar.
Zur Realisierung neuer Arbeitswelten und neuer Bürokonzepte, insbesondere Flexible-Office-
Lösungen, ist mehr als nur eine beiläufige oder zufällige Gestaltung notwendig. Es bedarf einer
strategischen und ganzheitlichen Planung, in die der im „Büro" arbeitende Mensch von Anfang
an einbezogen wird.

Changemanagement ermöglicht und beschleunigt den Wandel der Arbeitswelten, erkennt
Hindernisse und Blockaden und beseitigt sie, fordert den einzelnen Menschen gegenüber
Veränderungen heraus, initiiert eine offene Kommunikationskultur, fördert den Dialog und
schafft Authentizität mit veränderten Werten in der modernen Büroarbeit.
Der Mensch muss dabei persönlich angesprochen werden, den notwendigen Wandel mitzu-
gehen. Offenes Angehen aller relevanten Themen, das Anhören persönlicher Interessen und die
Hilfestellung bei der persönlichen Entscheidungsfindung fördern die geistige Flexibilität und

die örtliche Mobilität für den Wandel. Nur wenn grösstmögliche Klarheit über die Zukunfts-situation besteht, kann der Einzelne auch Chancen und Vorteile für sich erkennen.

Veränderungen sind der Normalzustand im Leben und die damit verbundenen normalen Ver-änderungsängste können über Transparenz, offene Kommunikation, das Aufzeigen von Hand-lungsspielräumen und eine gezielte Auseinandersetzung mit Berufs- und Lebensplanungen abgebaut werden.

An wen richtet sich dieses Buch?

Es wendet sich an Menschen, die am Prozess einer Büroraumgestaltung partizipieren oder diesen leiten und somit gleichermassen an Ansprechpartner in den Unternehmen (Führungs-kräfte, Organisations- und Personalfachleute, Fachkräfte der Büroraumgestaltung, Betriebsräte, beteiligte Mitarbeiter) als auch an externe Berater oder Trainer, welche die Unternehmen bei diesem Unterfangen begleiten.

Was ist das Ziel dieses Buches?

Es beleuchtet die Schnittstelle zwischen dem Changemanagement und dem Entwicklungs-prozess moderner Bürowelten, in dem es gleichermassen theoretische Hintergründe liefert als auch aus der Praxis abgeleitete Handlungsempfehlungen. Die vorgestellten Erfahrungsberichte, Modelle und Muster sollen „Inseln" im Strom bilden, die den Leser für relevante Faktoren im Office-Changeprozess sensibilisieren sowie Orientierung und Richtung geben.

Wie ist dieses Buch aufgebaut?

Kapitel 1 gibt Orientierung, wie die Arbeitswelt sich verändert, welche Entwicklungen schon heute realisiert werden und warum Entwicklungen ein geändertes Verhalten – einen Wandel der Unternehmens- und Führungskultur – erforderlich machen.

Kapitel 2 fasst notwendiges Hintergrundwissen für jeden Projektleiter zusammen, der verstehen will, was Changemanagement ist und wie es wirkt; Changemanagement ist keine Spielwiese für Technokraten.

Ein Vorgehensmodell in vier Phasen wird im Kapitel 3 vorgestellt. Hier findet sich ein Leit-faden für die Durchführung eines Changemanagement-Prozesses in zehn Schritten einschliess-lich der Darstellung von Mustern.

Im Kapitel 4 werden Erfolgsfaktoren im Office-Changemanagement-Prozess vorgestellt und erläutert.

Die Kapitel 3 und 4 bestehen jeweils aus drei Teilen:

| Erfahrung | Gedanken | Muster |

- Einleitend steht ein **Erfahrung**sbericht („So haben wir das gemacht und erlebt") von Mitgliedern des Flexible-Office-Netzwerks. Storytelling ist eine Erzählmethode, mit der explizites, aber vor allem implizites Wissen weitergegeben und dadurch besser aufgenommen wird. Im Vergleich zu abstrakter Information haben Geschichten den Vorteil, verständlicher zu sein, stärker im Gedächtnis zu bleiben und Sinn und Identität stiften zu können.
- Zum Zweiten werden theoretische **Gedanken** in einer Lektion „so ist vorzugehen" zusammengefasst, die beschreibt, welche Schritte zu gehen sind.
- Der dritte Teil enthält **Muster**anwendungen, Formulare und Charts – „man nehme diese Instrumente" –, die in den einzelnen Phasen des Changemanagements zur Anwendung kommen können; es ist eine Vorlage zur Erstellung eigener, auf das jeweilige Projekt passender, Materialien.

Der gesamte Text ist mit Beispielen und Vorsichtshinweisen angereichert.

Seit seiner Gründung im Jahre 2002 beschäftigt sich das Flexible-Office-Netzwerk mit der Zukunft der Arbeitswelt. In zwei Büchern – Flexible Arbeitswelten, 2004, und Flexible Arbeitswelten – So geht's, 2007 – haben sich die Mitglieder mit den unterschiedlichen Anforderungen und Ansprüchen der Gestaltung der Büroarbeitswelt auseinandergesetzt. Zehn Jahre Erfahrung haben gelehrt, dass der Erfolg der Gestaltung wesentlich von der Einbindung und Beteiligung der Mitarbeitenden abhängig ist. Nicht die noch so exakte Planung, nicht die teure Einrichtung motiviert die Menschen, sondern die Begleitung der Mitarbeiter vom „alten in den neuen Zustand".

Das Netzwerk hat sich deshalb in den letzten Jahren dem Thema „Changemanagement" verstärkt zugewendet und seine Erfahrungen gesammelt und dokumentiert. Neun Erfahrungsberichte aus unterschiedlichen Unternehmen stehen am Anfang jedes Kapitels; am Ende finden sich die gemeinsam erarbeiteten Tools und Massnahmen.

Besonderer Dank gilt Christoph Heinzelmann, Prof. Dr. Christine Kohlert, Andreas Lindenstruth, Ludwig Lommer und Michael Neff, die als Mitglieder des Netzwerks zahlreiche Ideen und Anregungen für die Gestaltung des Buches geliefert haben; selbstverständlich danken wir auch den Verfassern der Erfahrungsberichte – insbesondere dem Verfasser des Gastbeitrags, Mathias Brandt –, sie lieferten das „Herzstück" des Buches.

Wie bei den ersten beiden Bänden erhielten wir von Eberhard Ulich, dem Herausgeber der Schriftenreihe, Ermunterung und Unterstützung, um auch dieses dritte Werk zu vollenden.

Erfahrungswissen darf nicht brachliegen, so steht es im zweiten Band, und das gilt auch diesmal. Für Feedback und Anregungen ist das Flexible-Office-Netzwerk (www.flexible-office-netzwerk.net) offen und dankbar.

Anzing bei München/Frankfurt im September 2012   Dieter Boch   Jennifer Konkol

Inhaltsverzeichnis

Vorwort des Herausgebers der Schriftenreihe 5

Vorwort 7

Inhaltsverzeichnis 11

1. Orientierung! Wie verändert sich die Arbeitswelt?. 13

2. Was ist Changemanagement? 27

3. Welches Vorgehen ist angebracht? 31

3.1 Vergiss Vergangenes – Auftauen 40
Erfahrungsbericht: Umzug in die Schlüterstrasse, Andreas Lindenstruth, STRABAG Property
and Facility Services GmbH

3.2 Neuerungsbereit sein – Verändern 52
Erfahrungsbericht: Projekt NEON/LITHIUM – die Neugestaltung des Rheniumhauses,
Thorsten Zwenzner, REHAU AG + Co

3.3 Lebe das Neue – Stabilisieren 66
Erfahrungsbericht: Umzug von der beliebten Nische in den unbeliebten Grossraum – die
Story des Umzugs eines Standortes, Tanja Stutz und Björn Sigl, T-Systems Schweiz AG

3.4 Überschreite Grenzen – Flexibilität erhalten 80
Erfahrungsbericht: Das prozessorientierte Büro, Hans Kurzknabe, Hettich Marketing- und
Vertriebs GmbH & Co. KG

4. Wann ist Office-Changemanagement erfolgreich? 85

4.1 Eine starke Vision und konkrete Ziele definieren 89
Erfahrungsbericht: Auftraggeber-Zielvereinbarung zwischen Geschäftsleitung und
Projektleitung vereinbart, Rainer Triebwasser, Sparkasse Holstein

4.2 Verstehen der Ausgangssituation 96
Erfahrungsbericht: Erfolgsfaktor Changemanagement – Die richtigen Hebel identifizieren
und das Potenzial der Organisation nutzen, Jennifer Konkol, AECOM Deutschland GmbH
(vormals DEGW)

4.3 Die richtigen Ressourcen im Veränderungskonzept 102
Beispiel: Die Rolle des Changemanagements bei Wandlungsprozessen in der modernen
Arbeitswelt, Michael Neff, Swisscom Immobilien AG

4.4 Beachtung von Widerstand auf allen Ebenen 115
Beispiel: Die Beachtung von Widerstand und Ambivalenzen an einem Flexible-Office-
Projekt, Frank Schirmer und Mira-Alexandra Luzens

4.5 Die Rolle der Führungskraft.. 120
Erfahrungsbericht: Wie haben Sie die grossen sog. Strukturumzüge persönlich erlebt?,
Ludwig Lommer, Munich RE

4.6 Den Erfolg messen 127
Erfahrungsbericht: Umzug in die Edmund-Rumpler-Strasse – vom Zellenbüro in Open
Space, Mathias Brandt, LH Bundeswehr Bekleidungsgesellschaft mbH

5.   Unser Weckruf: Sei Teil der Veränderung! 133

Kenndaten der Erfahrungsberichte 137

Adressverzeichnis des Flexible-Office-Netzwerks 163

Literaturverzeichnis 165

Abbildungsverzeichnis... 169

Autorenverzeichnis 171

**Wer einen Stein
ins Wasser wirft,
verändert das
Meer.**
Paul Mommertz

Orientierung!
Wie verändert sich die Arbeitswelt?

Erfahrung	**Gedanken**	Muster

Alles ist in Bewegung, Stillstand ist nirgendwo. Dies gilt für den Kosmos, die Welt, das Leben, den Menschen.

Veränderung ist die natürliche Grundlage des Lebens und damit lebensnotwendig. Wandel der Jahreszeiten, Zellerneuerungen oder Ebbe und Flut sind konstante, wiederkehrende Veränderungen, akzeptiert, oft sogar ersehnt und begrüsst. Nicht der Status quo, das Beharrende, Vertrocknete, Verkrustete, sondern Wandel, Umbruch, Aufbruch, Veränderung sind normal.

Wir haben es heute mit Veränderungen zu tun, die gleichzeitig mehrere Dimensionen menschlichen Erfahrens berühren. Neue Technologien und der Einzug des Internets in die Geschäftswelt und das Privatleben haben Raum und Zeit als Barrieren einer weltweiten Kommunikation auf einen Bruchteil ihrer bisherigen Bedeutung schrumpfen lassen. Aus der Welt ist ein Dorf geworden. Es ist heute möglich, in Echtzeit Zeuge eines Ereignisses am anderen Ende des Globus zu werden oder riesige Datenmengen in Sekundenschnelle um die Welt zu schicken.

Beispiel

So haben sich in nur 15 Jahren PCs mit ihren ersten Schreibprogrammen und Dateiverwaltungen zu einem gigantisch wachsenden Netz von internationalen Informationen, kommerziellen Transaktionen und tausendfachen Verbindungen entwickelt.

Im etwa ähnlichen Zeitraum wuchs ein noch teilweise handvermitteltes, fest-installiertes Analognetz zu einem satellitengestützten, mobilen digitalen Daten-netz rund um den Globus.

Die Einführung von neuen Produkten und Dienstleistungen wird dabei immer schneller. In 38 Jahren erreichte das Radio eine Verbreitung von 50 Millionen Nutzern, die gleiche Anzahl erreichte der PC in 16 Jahren, das TV in 13 Jahren und das Internet in nur 4 Jahren. Facebook startete 2004 als soziales Netzwerk für Harvard-Studenten – da war noch nicht abzusehen, dass es nur wenige Jahre später Teil der gefühlten Infrastruktur des Internets sein würde. Von 2007 mit 70 Millionen Nutzern hat sich das Netzwerk in nur drei Jahren auf 700 Millionen Nutzern 2010 verzehnfacht. Weltweit kommen in jeder Sekunde acht neue Mitglieder hinzu. Im September 2012 wurde die Milliarde überschritten.

Aus vielen einzelnen Gesellschaften entwickelt sich eine Weltgesellschaft, in der technologische Vorsprünge nur von kurzer Dauer sind und der Wandel als einzige Konstante bleibt.

Diese veränderten Rahmenbedingungen haben neue Organisationsstrategien wie Modularisierung, Netzwerkbildung und Virtualisierung möglich und auch notwendig gemacht. Dabei wirken sich diese zunehmend verteilten Organisations- und Arbeitsformen nachhaltig auf die Arbeitswelt aus. Formen, Inhalte, Bedingungen und Belastungen menschlicher Arbeit verändern sich und stellen neue Anforderungen an die Arbeitsbürowelt.

- Organisationsformen
  Die bisherigen Organisationsformen im Büro stammen in aller Regel aus der Industriegesellschaft. Damals waren sie auch erfolgreich. Unternehmen, aufgebaut wie eine Pyramide, hierarchisch strukturiert, Top-down-Entscheidungen, Funktions- und Spartenorganisation sowie positionsgebundene Machtbefugnisse und Statussymbole. Kundenwünsche wurden noch weitgehend unter „ferner liefen" behandelt. Die Bedingungen in den Unternehmen waren stabil, Teamarbeit die Ausnahme und bürokratische Führungsstrukturen die Regel. Die Betonung des Status in der hierarchischen Einrichtung, die Territorialität („mein Büro") und eine statische Gestaltung waren die kennzeichnenden Merkmale des Büros von gestern.
- Bürogebäude
  Ältere Bürogebäude aus der Zeit der Industrialisierung sind gekennzeichnet durch eine architektonische Gestaltung, die die Wichtigkeit und Bedeutung der darin arbeitenden Menschen unterstreichen sollte. In den Unternehmen wurde die Wichtigkeit der Person durch grosse Räume, imposantes Mobiliar und entsprechendes Personal hervorgehoben.
  In neueren Bürogebäuden wurde der arbeitende Mensch in der Regel in der Bauplanung gegenüber den technischen Sachzwängen in den Hintergrund

gedrängt. Die Technik des Bauens und zunehmend die Informations- und Kommunikationstechnologie bestimmten die Art der baulichen Gestaltung. Heute ist meist in einem von Zellenbüros geprägten Gebäude der Informationsaustausch reduziert und die Kommunikation beeinträchtigt. Technische Neuerungen bieten hierfür zwar zunehmend neue Möglichkeiten und sinnvolle Hilfen, aber dennoch wird auf absehbare Zeit die gesamte soziale Präsenz eines Menschen nicht vollständig und ganzheitlich durch diese vermittelbar sein. Die Realität in den Gebäuden zeigt, dass viele Büros nicht gezielt entstanden sind oder bewusst genutzt werden, sondern sich eher zufällig entwickelt haben.

- Kommunikation und Kreativität

  Die Wertschöpfungskette an den Arbeitsplätzen muss optimiert werden. Dies bedeutet, dass der Anteil an Kommunikation zunimmt, der Erwerb und die Synchronisation von Wissen im Vordergrund stehen. Den verschiedenen Ansprüchen aus den Arbeitsprozessen (Kommunikation vs. Konzentration; Einzelarbeit vs. Teamarbeit; formale Besprechung vs. informelles Meeting) muss mehr Beachtung geschenkt und somit produktiveres Arbeiten ermöglicht werden. Die funktionsübergreifende Zusammenarbeit wird weiter zunehmen. Die überwiegende Arbeitsform wird gekennzeichnet sein von Projektorientierung und Teamarbeit in wechselnder Grösse, Zusammensetzung und Dauer, mit der Möglichkeit zu temporär zurückgezogener Einzelarbeit. Kommunikation und Kreativität sind dafür wesentliche Voraussetzungen. Zwei Drittel der Wertschöpfung werden in Deutschland an Büroarbeitsplätzen erwirtschaftet; und davon ein Grossteil durch neue Produkte oder Dienstleistungen. Nicht mehr die Produktivität, sondern die Innovationskraft entscheidet über den wirtschaftlichen Erfolg. Die Kreativität des Einzelnen gilt es durch entsprechende Umgebungsbedingungen zu fördern.

- Gesundheit

  Je mobiler die Arbeitswelt wird, je grösser die Belastungen und die Ansprüche an Erreichbarkeit sind, desto mehr braucht der Mensch Rückzugsmöglichkeiten während der Arbeit. Menschen können ihr Gesundheitspotenzial nur dann entfalten, wenn sie auf die Faktoren, die ihre Gesundheit beeinflussen, auch Einfluss nehmen können. Die Art und Weise, wie eine Gesellschaft die Arbeit und die Arbeitsbedingungen organisiert, sollte eine Quelle der Gesundheit und nicht der Krankheit sein. Gesundheitsförderung schafft sichere, anregende, befriedigende und angenehme Arbeits- und Lebensbedingungen. Die Arbeitsbürowelt muss gesunderhaltend wirken, erst recht, wenn die Menschen aus demografischen Gründen immer länger arbeiten müssen.

Flexibilität ist dabei ein Schlüsselfaktor in der mobilen Arbeitswelt. In einem modernen Büro wird zunehmend anerkannt, dass die Arbeit eine produktive, nutzbringende soziale Dynamik hat. Daher tritt an die Stelle von altmodischen Arbeitsumgebungen eine neue Gestaltungsmethode von Arbeitsräumen.

Flexible Arbeitswelten ist keine eigenständige Philosophie, sondern ein Sammel-
begriff für Massnahmen in der Arbeitswelt, um den Anforderungen der Arbeitsprozesse im Büro gerecht zu werden. Es wird ein Arbeitsumfeld geschaffen, das
flexiblen Arbeitsweisen und unterschiedlichen Arbeitsprozessen entgegenkommt
und die Zusammenarbeit der Mitarbeiter fördert. Eine Mischung aus offenen
Flächen und Einzelräumen mit einem breiten Spektrum unterschiedlicher Nut-
zungszonen wird benötigt.

Arbeitsplätze werden auf offener Fläche geplant und dazu kleine Räume („Think-
Tanks") für Kleinbesprechungen und Alleinarbeit angeboten. Offene, multifunk-
tionale Bereiche schaffen Visibilität und Transparenz und ermöglichen eine gute
Aufenthaltsqualität, auf unterschiedlichen Kommunikationsflächen kann spon-
taner Gedankenaustausch stattfinden. Ruhezonen erlauben Pausen, Erholung
und individuelle Kontemplation. Klare Spielregeln zwischen den Nutzern in
dieser flexiblen Arbeitswelt und professionelle Akustiklösungen gewährleisten ein
kreatives, produktives und gesunderhaltendes Arbeiten.
Ändern sich die Anforderungen, dann passen sich die Massnahmen flexibel an.
Bei Flexible Arbeitswelten geht es nicht um trendige Möbelsysteme in modernen
Farben. Es geht auch nicht um das Anbringen oder Weglassen von Trennwänden
und dergleichen oder um die Frage Grossraum oder Einzelbüro. Flexible Arbeitswelten erfasst die Anforderungen der modernen Arbeitswelt, gestaltet die Prozesse, die Zusammenarbeit und die Kommunikation. Mit Flexible-Arbeitswelten-
Massnahmen hat das Unternehmen einen wirkungsvollen Hebel, auch das
Führungsverhalten zu verbessern. Das Flexible-Arbeitswelten-Konzept ist ein ganz-
heitlicher Ansatz, der den Menschen in den Mittelpunkt stellt, sein Wohlbefinden,
seine Motivation, seine Eigenverantwortung. Und sich ganz nebenbei auch noch
rechnet: durch in der Regel geringeren Flächenbedarf, weniger Umzüge, höhere
Produktivität und Innovationskraft. Hierin liegt der zentrale Kern.

Arbeiten im heutigen Kontext

Primäres Ziel der Bürogestaltung ist – unter Berücksichtigung der globalen Trends
– die Produktivität und Innovationsfähigkeit des Unternehmens. Jedes Unternehmen lebt von Ideen und ihrer erfolgreichen Umsetzung. Ideen sind die wichtigste
Ressource für die Zukunft. Kreativität und Innovationskraft entscheiden im globalen Wettbewerb.
Büroarbeit war schon immer nicht nur das Produzieren am Schreibtisch, sondern auch das Recherchieren von Sachverhalten, das sich Konzentrieren, um
ungestört zu denken, die gefundenen Ideen mit anderen zu kommunizieren und
auszutauschen (s. Abb. 1).

Sozialwissenschaftliche Erkenntnisse zu Kommunikation und Kreativität zeigen
u. a., dass vier Fünftel aller Ideen durch die ungeplante Kommunikation
entstehen. Lebenslanges Lernen und sich ausruhen sind ebenso Bestandteile

des Arbeitens. *„Die Kunst des Ausruhens ist ein Teil der Kunst des Arbeitens"*, sagt John Steinbeck. Ob Energie tanken, etwas Anregendes tun, zur Ruhe kommen oder etwas Sinnvolles tun: Arbeitsunterbrechungen sind als Ausgleich von Beanspruchungsphasen für Leistung und Gesundheit von zentraler Bedeutung (vgl. Ulich & Wülser 2009).

Es gilt, diese Erkenntnisse in der Bürogestaltung umzusetzen, um den wirtschaftlichen Erfolg durch Büroarbeit sicherzustellen.

Dazu bedarf es aber auch:

- eines Führungsverhaltens, das diese verschiedenen Elemente des Arbeitens als Arbeit sieht und anerkennt – Sie trinken schon wieder Kaffee, haben Sie nichts zu tun?
- einer Gesellschaft, deren Werte zum Erhalt und zur Steigerung der Lebensqualität beitragen und die Arbeit als Quelle der Gesundheit organisiert.
- des Bewusstseins der Organisation und jedes Einzelnen, dass jeder Erfolg Veränderung und Wandel voraussetzt.

Abbildung 1:   Arbeiten im heutigen Kontext

Warum ein Büro kein Büro mehr ist

Büroflächen werden bisher nicht ausreichend als Triebfeder für Innovationen genutzt. Die Abbildung der unterschiedlichen geistigen Arbeits- und Erholungsprozesse in verschiedenen Arbeitsräumen ist erforderlich. Die Architektur der Arbeit und die Architektur des Bauens und Gestaltens müssen Hand in Hand gehen beim Schaffen einer Arbeitslandschaft. Nicht mehr Schreibtisch und Stuhl sind das Kriterium für die Definition des Arbeitsplatzes, sondern die Erfüllung der Raumbedürfnisse des Menschen in Bezug auf Produzieren, Recherchieren, sich Konzentrieren, Kommunizieren, Lernen und sich Ausruhen. Hat jeder jederzeit den Raum, den er für die Arbeit braucht?

Ein wichtiger Schritt in diesem gedanklichen Prozess ist auch das Verstehen, dass man Arbeitsplätze nicht besitzen muss, sondern dass es viel wichtiger ist, sie zu nutzen, und dass man in einem neuen Konzept die Chance hat, aus einer Vielzahl von unterschiedlichen Arbeitsplätzen den jeweils zur eigenen aktuellen Tätigkeit entsprechenden auszuwählen. Dies bedeutet auch, einen persönlichen Perspektivenwechsel zu vollziehen, vom eigenen Büro, dem eigenen Arbeitsplatz hin zu unserem Arbeitsplatz, zu irgendeinem Arbeitsplatz in einer Arbeitslandschaft. Auch das „wording" der Büroplaner muss sich diesem Wandel anpassen. Der Begriff „Desksharing" wird verwendet, wenn Büroplaner den Schreibtisch als Arbeitsplatz nicht mehr für 100 % der Mitarbeiter vorhalten, aber gleichzeitig die anderen Formen des Arbeitens mit Arbeitsplätzen unterstützen. Es werden also nicht weniger, sondern in der Regel mehr Arbeitsplätze zur Verfügung gestellt; niemand muss sich einen Arbeitsplatz teilen, sondern sich nur den passenden auswählen.

Die Konzeption des Büros ergibt sich aus diesen Zielsetzungen; sie als Mitarbeiter mitzutragen gelingt, wenn Verständnis der Betroffenen für die Notwendigkeit der Veränderung, warum sich etwas verändern soll, was sich konkret verändert und wie es den Einzelnen persönlich betrifft, vorhanden ist.

Um diese Veränderungen des organisatorischen und technologischen Umfelds erfolgreich zu bewältigen, müssen das Unternehmen selbst und alle seine Mitarbeiter in hohem Masse veränderungsfähig sein.

Vorsicht

„Wir sind von Natur aus ortsverankerte Wesen. Für die Entfaltung unserer Möglichkeiten brauchen wir Sicherheit, und diese Sicherheit wird uns dann gegeben, wenn wir uns heimisch fühlen."
(Prof. Dr. Ernst Pöppel)

Damit ist Wandel nicht nur die Voraussetzung für Fortschritt, sondern auch eine Ursache von Verunsicherung und Widerständen. Deshalb werden Veränderungen oft als Druck negativ erlebt.

Damit ist ein Dilemma zwischen Sehnsucht nach Stabilität, Orientierung und Situationskontrolle auf der einen Seite und der Notwendigkeit der Veränderung auf der anderen Seite gegeben.

Menschen sperren sich nicht gegen Veränderungen, sondern nur dagegen, verändert zu werden.

Und das ist eine alte Erkenntnis. Schon Tomasi di Lampedusa sagte im 17. Jahrhundert: *„Wenn wir wollen, dass alles so bleibt, wie es ist, dann ist es notwendig, dass sich alles verändert.“*

Um die besonderen Herausforderungen bei der Implementierung neuer Arbeitswelten zu verstehen, lohnt es sich, den Arbeitsplatz einmal von der psychologischen Perspektive her zu betrachten. Nach Moewes besteht zwischen Mensch und Raum eine Wechselwirkung.

Der Raum ist eine bedeutsame Dimension der menschlichen Existenz, ausgestattet mit Dingen und Objekten, die für sein Verhalten, Empfinden und Denken mehr oder weniger bedeutsam sind und auf die er wiederum einwirkt. Die geistige und körperliche Gesundheit des Menschen ist gefährdet, wenn der Mensch sich im Raum nicht wohl und geborgen fühlt. Jedoch hat der Mensch die grosse Fähigkeit sowie die Chance, diese Lebensbedingungen so zu ändern, dass sie entwicklungsfördernd sind und Geborgenheit, Wohlbefinden und Gesundheit vermitteln (vgl. Moewes 1980, S. 18–26).

Im Folgenden werden einige psychologische Konstrukte betrachtet, die am Arbeitsplatz eine hohe Relevanz besitzen.

Kontrolle und Reaktanz

Schon Friedrich Nietzsche postulierte 1912, dass der Mensch bestrebt ist, die Geschehnisse und Ereignisse in seiner Umgebung unter Kontrolle zu bringen (vgl. Nietzsche 1912).
Laut den Theorien der Sozialpsychologie und einer Vielzahl von Studien ist Kontrolle ein stabiler Prädikator für körperliches und seelisches Wohlbefinden (vgl. Skinner 1996).
Im Rahmen der psychologischen Aspekte am Arbeitsplatz ist vor allem die Umweltkontrolle als Konzept zu beschreiben. Darunter versteht man das Ausmass, in welchem ein Umweltbereich entsprechend der persönlichen Vorlieben verändert oder beibehalten werden kann. Umweltkontrollierbarkeit empfindet das Individuum, indem es für bestimmte Dinge selbst verantwortlich ist, Strukturierungen von Nutzungszeiten selbst vornehmen kann und durch die Möglichkeit zur Regulierung von Stressoren, z. B. Hitze, Kälte, Lärm, Luftqualität und Sonnenblendung, hat (vgl. Fischer & Stephan 1996). Weiterhin sind die Kontrolle

über die Distanz zum Gegenüber, die Kontrolle über einen persönlichen Raum und die Kontrolle über soziale Kontakte wichtig für das Empfinden von Umweltkontrollierbarkeit.

Bei der Implementierung von modernen, offenen, oft gemeinschaftlich genutzten Arbeitsplatzkonzepten kann die gefühlte Einschränkung dieses Bedürfnisses zu Verunsicherungen und Vorbehalten führen. Diesen berechtigten Sorgen muss im Veränderungsprozess und auch in der Planung Rechnung getragen werden.

Privatheit

Die Privatheitsregulation umfasst einen Prozess der Kontrolle interpersonaler Grenzen zwischen Individuen oder Gruppen. Es handelt sich um die Kontrolle über Informationen, die Zugänglichkeit zum Selbst oder zur Gruppe, die Kontrolle über den Zugang zu Räumen, Dingen und Aktivitäten (vgl. Kruse 1980, S. 113).

Wichtig für das Verständnis der Privatheit ist das Konzept des persönlichen Raumes. Der persönliche Raum wird als ein imaginärer Bereich beschrieben, der einen Menschen ständig umgibt und auf Distanzwahrung abzielt (vgl. Miller 1986, S. 147 f.). Der **persönliche Raum** ist, je nach Person und Kultur, unterschiedlich gross und reguliert, wie eng Individuen interagieren und wie intim die Kommunikation ist.

In den heute oft implementierten offenen, transparenten Bürowelten kommt dieses Bedürfnis des Menschen hingegen oft zu kurz. Auch in Grossraumbüros, so belegt eine Studie von Weltz (1966), haben 60 % der Befragten das Gefühl, dass man sich gegenseitig beobachtet (vgl. Kannheiser 1989). Die Angst vor Verlust der Privatheit kann zu Ängsten und Widerständen bei der Implementierung solcher Konzepte führen. Diesen muss bei der Planung durch eine entsprechende Zonierung von Arbeitsplätzen, Sichtschutz durch Möbel, Dekorationselemente oder Pflanzen Rechnung getragen werden.

Territorialität

Um die Privatheit zu regulieren, steckt der Mensch Territorien ab: „Das ist mein Büro!" In Abgrenzung zum persönlichen Raum ist das Territorium sichtbar, relativ unbeweglich und bestimmt sich an Objekten oder Dingen, nicht an der Person selbst (vgl. Hellbrück & Fischer 1999, S. 335).

Nach Gifford ist **Territorialität** ein Muster von Verhaltensweisen und Einstellungen, welches auf wahrgenommener, versuchter oder ausgeübter Kontrolle beruht. Diese wird erreicht durch einen definierbaren Raum, ein Objekt oder Gedankengut und habituell durch Besetzung, Verteidigung, Personalisierung und Markierung (vgl. Gifford 1997, S. 120).

Dies fällt in Büroräumen oft auf, wenn Arbeitsplätze z. B. durch Familienfotos, mitgebrachte Pflanzen, Poster oder Überraschungseifiguren personalisiert werden. In nicht territorialen Bürokonzepten ist das Mitbringen von persönlichen Gegenständen oft nicht erlaubt. Im Veränderungsprozess begegnet man daher oft starken Vorbehalten und Vorwürfen, wie z. B. der Entmenschlichung des Büros.

Da dieser Faktor für die Mitarbeiter sehr wichtig ist, muss man als Büroraumgestalter über Möglichkeiten nachdenken, wie der Mitarbeiter seinen nicht territorialen Arbeitsplatz personalisieren kann. Fest installierte digitale Bilderrahmen, bei denen der Mitarbeiter per USB-Stick immer seine persönlichen Bilder abspielen kann, sind z. B. eine Möglichkeit. Eine einfache Möglichkeit zur Individualisierung liegt aber z. B. auch darin, individuelle Desktop-Hintergründe (statt eines Corporate-Identity-konformen) oder personalisierte Laptopskins zuzulassen.

Ein Bürokonzept sollte gewährleisten, dass der Mensch Territorien abstecken kann, denn Territorialitätsverletzungen können zu Fluchtreaktionen, Veränderung der Körperhaltung und Mimik und in extremen Fällen sogar zu Aggressionsverhalten führen (vgl. Kruse & Graumann 1978).
In seinem Territorium möchte der Mensch sich seinen Wunsch nach einem sicheren, geschützten und garantierten Platz verwirklichen. Aspekte wie Rückendeckung und Geborgenheit müssen daher in modernen Bürokonzepten berücksichtigt werden (vgl. Probst 1972).

Dem Mitarbeiter müssen daher andere Möglichkeiten, Territorien abzustecken, ermöglicht werden, wenn dies auch nur durch Gestaltung der Abteilung statt des eigenen Arbeitsplatzes erfolgt.
Man unterscheidet hierbei zwischen „persönlichen Territorien", wie dem eigenen Arbeitsplatz inkl. Möbeln und Flächen, „Gruppen-Territorien", die von einer Gruppe genutzt werden, wie z. B. Druckerzonen und Registraturen, und „Öffentlichen Territorien" als gemeinschaftlich genutzten Flächen, wie z. B. Kaffeeküchen oder Bibliotheken (vgl. Fenker 1997).
Die Verfügbarkeit eines primären Territoriums spielt eine wesentliche Rolle für die Erhaltung des habituellen Wohlbefindens und die Entwicklung seelischer Gesundheit. Ausserdem helfen klare territoriale Grenzen, Aggressionen zu vermeiden (vgl. Hellbrück & Fischer 1999, S. 337).

Nicht territoriale Bürokonzepte müssen dem Nutzer zumindest eine Identifikation auf Gruppenebene ermöglichen. Es wird ein Wandel erfolgen, weg von der Definition „Das ist mein Arbeitsplatz" und hin zu der Definition „Das ist unser Arbeitsplatz!". Es gibt Unternehmen, die daher ein unterschiedliches Gestaltungskonzept je Team einsetzen und auf diese Weise, z. B. durch Farbkonzepte oder verschiedene Designmotive (z. B. Wald, Wiese, Berge, Meer, Wüste), Gruppenterritorien kennzeichnen. In diesen Büros hört man Sätze wie: „Ich sitze im blauen Bereich." oder „Treffen wir uns morgen in der Wüste und gehen dann gemeinsam zum Mittagessen?". Dadurch wird klar, dass diese Art der Gestaltung nicht nur eine Orientierungsfunktion, sondern auch eine Identifikationsfunktion besitzt.

Crowding

Eine weitere Sorge, der man bei der Einführung neuer Arbeitswelten oft begegnet, ist, dass das neue Konzept enger und voller wird. In der Psychologie wurde dafür der Begriff des Crowding geprägt. In Abgrenzung zur Dichte bezieht sich Crowding nicht allein auf die Anzahl der Personen in einem Raum, sondern auf das subjektive Erleben von Beengung oder belastender Enge (vgl. Stokols 1972, S. 49 f.). Befinden sich viele Personen in einem Raum, finden mehr soziale Begegnungen statt, es steigt der Bedarf nach sozialer Strukturierung. Die Kontrolle des Einzelnen über die Situation wird bedroht (vgl. Schweizer-Ries & Fuhrer 2006, S. 779).

Der Zusammenhang zwischen Stress und Dichte wurde in verschiedenen Experimenten empirisch nachgewiesen. Ebenso gibt es Studien, die einen Leistungsabfall bei hoher Dichte nachweisen und zeigen, dass die Kooperationsleistungen bei Gruppenaufgaben schwächer sind (vgl. z. B. Evans 1979).

Auch dieser Ängste sollte man sich bei einem Veränderungsprozess bewusst sein. Auch hier kann natürlich durch eine entsprechende Planung, welche die offenen Bereiche zoniert und optisch separiert, entgegengewirkt werden.
Wichtig ist hierbei auch zu wissen, dass die Verhaltensfolgen weniger negativ sind, wenn Menschen die Chance haben, sich auf eine Verdichtung kognitiv vorzubereiten (vgl. z. B. Regoeczi 2003), denn grundsätzlich kann Dichte positiv oder negativ bewertet werden.

Eine Faustregel zielt jedoch auf die antizipierte Wahlfreiheit ab: „Je eher eine Person selbst entscheiden kann, überfüllte Räume aufzusuchen oder aber solche zu meiden, bzw. zu verlassen, desto erträglicher ist das Crowding." (Schweizer-Ries & Fuhrer 2006, S. 780). Auch unter diesem Aspekt ist es von grosser Bedeutung, den Menschen an ihrem Arbeitsplatz genügend und unkompliziert reservierbare Rückzugsmöglichkeiten zu bieten oder ihnen das Arbeiten von zu Hause zu ermöglichen.

Identitätsbildung und Statussymbole

Neuberger beschreibt in seinem Artefaktenmodell, dass Menschen dazu neigen, sich bestimmte Artefakte, z. B. einen bestimmten Bürostuhl, Designermöbel oder Notebooks, anzueignen, die eine bestimmte Botschaft oder, wie er es nennt, „implizite Codes" senden und damit Teil eines vergrösserten Selbst (oder einer vergrösserten Identität) werden (vgl. Neuberger 2006, S. 261). Wenig erfolgreiche Manager können z. B. durch den Besitz sichtbarer Statussymbole

Identität bilden und per Selbstdefinition zu erfolgreichen Managern werden (vgl. Mummendey 1990, S. 117). Ermöglicht man einem Individuum die Gestaltung von Räumen oder Arbeitsplätzen, kann es seinem „Ich" Ausdruck verleihen und es identifiziert sich mit dem betreffenden Objekt oder Raum. Auch die Zugehörigkeit zu Gruppen und die Abgrenzung zu anderen Gruppen kann durch persönliche Dinge oder Räume visualisiert werden und stärkt dadurch die Identifikation mit der Gruppe (vgl. Walden 2008, S. 43). Nimmt man dem Menschen im Zuge der Einführung eines nicht territorialen Bürokonzeptes den eigenen, persönlich zugeordneten Arbeitsplatz, so wird er in der Möglichkeit zur Identitätsbildung beschnitten. Man kann sich vorstellen, dass gerade Manager, die in einem grossen Einzelbüro mit besonderer Ausstattung sitzen und im Zuge der Implementierung eines neuen Bürokonzeptes ohne Statusunterschiede, ggf. auf derselben Fläche wie ihre Angestellten, angesiedelt werden, einen grossen Verlust empfinden können. Gerade wenn sie sich über Statussymbole identifizieren und ihr Selbst, wie oben beschrieben, dadurch vergrössern, werden sie grossen Widerstand leisten, um ihren Selbstwert zu schützen.

Dieser Prozesse muss man sich bewusst sein und sie im Rahmen des Veränderungsprozesses thematisieren.

Sozialverhalten

Als Gegenpol zu den oben beschriebenen Konzepten Privatheit und Territorialität hat der Mensch ein Bedürfnis danach, beteiligt zu werden, um das Gefühl zu erlangen, erwünscht, anerkannt, sichtbarer Teil der Gemeinschaft und eingebunden in den Kommunikationsfluss zu sein (vgl. Probst 1972). Diesen bipolaren Bedürfnissen muss ein Bürokonzept heute Rechnung tragen, um das Wohlbefinden der Angestellten zu gewährleisten.

Der Kontakt zu anderen Menschen hat nun eine Vielzahl von Effekten, von der Gruppenbildung mit allen daraus folgenden Effekten, dem sozialen Vergleich, der Identitätsbildung (das soziale Selbst), Konflikten, bis hin zur Kommunikation und zum Wissensaustausch sowie alle wiederum daraus resultierenden Effekte auf Motivation, Leistung und Zufriedenheit (z. B. nachzulesen in v. Rosenstiel 2007, S. 285 ff.).

Eine Studie von Müller und Nachreiner bewies, dass das Büroklima umso entspannter und das Wohlbefinden umso höher ist, je weniger stark die Tätigkeit des Einzelnen nur auf einen bestimmten Platz im Büro beschränkt ist (Müller & Nachreiner 1985, S. 15 ff.). Was bedeuten würde, dass Arbeitsplatzkonzepte, bei denen je nach anstehender Tätigkeit (Kommunikation und Konzentration) verschiedene Arbeitsplatztypen an verschiedenen Orten aufgesucht werden müssen, zum Wohlbefinden der Mitarbeiter beitragen können.

Unternehmenskultur

Die Unternehmenskultur kann durch das Arbeitsumfeld materialisiert und sichtbar gemacht werden. Auch Neuberger beschreibt in seinem Artefaktenmodell, dass sich Organisationen z. B. durch Architektur, Marketingaktionen und Firmenfeste verdinglichen, um die Corporate Identity zu visualisieren (vgl. Neuberger 2006, S. 261).

Ziel dieser materialisierten Symbolisierungen ist es, z. B. Identifikation oder ein Gefühl von Stolz zu wecken. Er geht jedoch noch einen Schritt weiter und beschreibt den umgekehrten Effekt, dass die geschaffenen Artefakte auch Einfluss auf das Verhalten und damit die Unternehmenskultur erlangen können. Als Beispiel benennt er explizit „Grossraumbüro oder Bürolandschaften" und das „Möbeldesign" (Neuberger 2006, S. 261), die eine natürliche Autorität erlangen und das Verhalten der Menschen durch ihre Existenz beeinflussen.
Gewisse Verhaltensweisen müssen dadurch nicht von einem Akteur, wie z. B. einer Führungskraft, gefordert werden, denn die Mitarbeiter müssen aus dem „Zwang der Verhältnisse" oder der „Lage der Dinge" auf eine bestimmte Art und Weise agieren (vgl. Neuberger 2006, S. 261).

Das Arbeitsplatzkonzept wird damit selbst zu einem beeinflussenden Veränderungsprozess. Der Mitarbeiter wird einerseits in einem Veränderungsprozess auf das Arbeiten in dem neuen Konzept vorbereitet, andererseits dient die Arbeitsumwelt dann als physisch manifestierte Veränderung und wirkt selbst auf die Verhaltensweisen der darin arbeitenden Menschen zurück.

Als Beispiel dafür kann man sich ein Bürokonzept vorstellen, bei welchem die Führungskraft auf derselben Fläche wie seine Mitarbeiter sitzt, somit sehr nah an seinem Team und in hohem Masse für dieses erreichbar. Die Unternehmensführung muss dann keine „Politik der offenen Türen" oder regelmässige Besuche im Team vorschreiben, weil dieses durch die Büroraumgestaltung vorgegeben wird.

Denkt man diesen Gedanken konsequent zu Ende, könnte dies bedeuten, dass Bürokonzepte nicht nur Visualisierung der Corporate Identity sind, sondern die Veränderung der Unternehmenskultur unterstützen können. Die Kausalität des Zusammenhangs der Bürokonzeptgestaltung und der Unternehmenskultur ist entsprechend nicht ganz klar. Tom Peters äusserte hierzu: „In der Tat ist das Management von Raum vielleicht das am wenigsten beachtete und wirksamste Werkzeug, einen kulturellen Wandel herbeizuführen, Innovationsprojekte zu beschleunigen und den Lernprozess in weit verstreuten Organisationen zu fördern."

Employer Branding

In dem Kontext Unternehmenskultur ist auch das Employer Branding zu sehen, welches gerade in Zeiten des „war for talents" ein Begriff ist, der an Bedeutung gewinnt. Die Deutsche Employer Branding Akademie (DEBA) definiert Employer Branding wie folgt:

„Employer Branding ist die identitätsbasierte, intern wie extern wirksame Entwicklung und Positionierung eines Unternehmens als glaubwürdiger und attraktiver Arbeitgeber" (DEBA 2006).

Die DEBA unterscheidet zwischen internen und externen Handlungsfeldern beim Employer Branding. Zu den internen Handlungsfeldern gehört neben Führung und HR-Portfolio auch die Gestaltung von Arbeitswelten, welche durch die Büroraumgestaltung direkt und durch die interne Kommunikation indirekt erfolgt. Letztere wird wie folgt definiert:

„Sie umfasst nicht nur die klassischen Medien wie Intranet oder Mitarbeiterzeitung, sondern auch Betriebsversammlungen, Raumgestaltung, informelle Mitarbeiterkommunikation (‚Flurfunk') und vieles mehr" (DEBA 2006).

Denkt man an Unternehmen wie Google oder Microsoft, ist es evident, dass die Büroraumgestaltung auch in diesem Feld Einfluss nehmen wird und zu Veränderungen führen kann.

Nachfolgende Tabelle zeigt die fünf Wirkungsfelder des Employer Brandings, welche durch die empirische Studie „HR-Trends" (Juni 2007) durch das F.A.Z.-Institut belegt wurden.

Wirkungsfeld	Wirkung
Mitarbeitergewinnung	> Arbeitgeberattraktivität wird erhöht
	> Passung der Bewerber wird verbessert
	> (professional and cultural fit)
	> Personalbeschaffungsaufwand wird reduziert
Mitarbeiterbindung	> Mitarbeiterzufriedenheit wird verbessert
	> Identifikation wird gestärkt
	> Know-how wird gebunden
	> Return on Development wird erhöht
	> Fluktuationskosten werden gesenkt
Leistung und Ergebnis	> Qualität der Arbeitsergebnisse steigt
	> Leistungsmotivation wird verbessert
	> Mitarbeiterloyalität wird erhöht
	> Commitment mit den Zielen des Unternehmens wird erhöht
	> Eigenverantwortung wird gestärkt (Organizational Citizenship Behaviour)
	> Führungsaufwand wird gesenkt
Unternehmenskultur	> Arbeitgeberpositionierung und Unternehmenswerte werden erlebbar gemacht
	> Arbeitsklima wird verbessert, Reibungsverlust reduziert
	> Krankenstand wird gesenkt
	> Zusammenhalt wird gestärkt
	> Interne Kommunikation wird effektiver
Unternehmensimage/-marke	> Unternehmensimage wird gestärkt
	> Synergien im Marketing werden erschlossen
	> Unternehmenswert wird gesteigert

Abbildung 2: Wirkungsfelder und Wirkungen eines umfassenden Employer-Brandings (Quelle: DEBA 2006)

Was ist Changemanagement?

Erfahrung	**Gedanken**	Muster

Es gibt vielerlei Arten der Veränderung, die ein Unternehmen zu meistern hat. Häufig sind dieses Anpassungen der

- internen Strukturen, Ziele und Aufgaben,
- Prozesse und Abläufe,
- Kosten,
- Arbeitsweise, Kommunikation und Zusammenarbeit und Führungskultur,
- Arbeitsbürogestaltung (auch, um Veränderungen mit der Fläche zu unterstützen).

Veränderungen in Unternehmen sind Tagesgeschäft, nicht einmalige und seltene Ereignisse. Aber immer umfasst die Veränderung einen längeren Zeitraum bzw. kann nicht allein durch ein „Schalter umlegen" vollzogen werden.

Entscheidend für den Unternehmenserfolg ist, wie die damit verbundenen Herausforderungen von den Menschen gemeistert werden.

VORSICHT

Veränderungen in Unternehmen sind vergleichbar mit gesellschaftlichem Wandel:

- *Wenige wollen sie wirklich.*
- *Sie dauern lange und Rahmenbedingungen verändern sich parallel.*
- *Es gibt selten nur Gewinner.*
- *Und was ist am Ende wirklich anders?*
- *Hauptgrund für das Scheitern von Veränderungsprojekten sind häufig nicht fehlende Projektpläne oder Lösungen, sondern Intransparenz und ein fehlendes Verständnis der Betroffenen für die Notwendigkeit der Veränderung.*

Die alte Lösung war nie so beliebt wie im Moment ihres Abschaffens.

Changemanagement heisst: den Wandel richtig gestalten

Dazu bedarf es eines systematischen Vorgehens, eines Changemanagement-Programms. Changemanagement ist ein Prozessinstrumentarium, mit dem Veränderungsprojekte von Beginn an begleitet werden, mit dem Ziel, das Projekt zum gewünschten Erfolg zu bringen und die Veränderung nachhaltig zu etablieren.

Der Fokus liegt hierbei eindeutig bei den Menschen: Mitarbeitern, Führungskräften und sonstigen Beteiligten. Sie müssen wissen:

- warum sich etwas verändern soll,
- was sich verändert und
- wie es den Einzelnen persönlich betrifft.

Die entscheidende Rolle spielen die sogenannten „weichen" Faktoren:

- Kommunikation;
- Transparenz im Vorgehen;
- Offenheit für Veränderungen;
- Beteiligung und Änderungsfähigkeit aller Mitarbeiter;
- Authentizität der Führungskräfte.

Sie sind mittel- und langfristig die eigentlichen erfolgskritischen Faktoren. Das Kapitel 4 wird die Erfolgsfaktoren im Office-Changemanagement-Projekt im Detail beleuchten.

Office-Changemanagement hat mannigfaltigen Nutzen

„Der Mensch wird oft vergessen, vordergründig, weil die Zahlen schlecht sind. Ich aber sage, dass die Zahlen schlecht sind, weil der Mensch vergessen wird." (Peter Schöffel)

Der Nutzen des Changemanagements in der Büroraumgestaltung liegt darin, dass die nötigen Veränderungen in einen sinnvollen und strukturierten Zusammenhang gebracht werden.

Nutzen für die Mitarbeiter

- Ehrliche Einbindung und Wertschätzung der Mitarbeiter bei der Konzeption und Implementierung der neuen Arbeitswelten
- Die Möglichkeit, sich einzubringen und definierte Aspekte des Konzeptes zu individualisieren
- Transparenz und Vorhersehbarkeit der Veränderungen
- Unterstützung beim Erlernen neuer Arbeitsweisen
- Definierte Ansprechpartner und Kontaktpersonen
- Einbindung der Führungskräfte: Sie positionieren sich eindeutig in ihrem Team und geben Richtung wie auch Sicherheit

Nutzen für das Unternehmen

- Erhöhte Akzeptanz des neuen Konzeptes bis hin zur Identifikation mit der geschaffenen Arbeitsumwelt; Demotivation und Unzufriedenheit werden vermieden
- Durch den Abbau von Widerständen und die Vorbereitung auf neue Arbeitsweisen werden die Produktivitätsverluste minimiert
- Die Investition in Changemanagement-Massnahmen hat eine positive Wirkung auf die langfristigen Kosten eines Projektes
- Schaffung von effektiven Arbeitsplatzkonzepten durch die Nutzung des im Unternehmen vorhandenen Wissens
- Aufbau von Veränderungskompetenz im Unternehmen auf allen Hierarchieebenen
- Schaffung von Nachhaltigkeit, insbesondere durch Sicherstellung, dass der Veränderungsprozess Managementaufgabe bleibt

Der Nutzen des Changemanagements in der Büroraumgestaltung liegt darin, dass die nötigen Veränderungen in einen sinnvollen und strukturierten Zusammenhang gebracht werden. Dadurch werden die eigentlichen Abläufe nach Einzug besser anlaufen und gleichzeitig die Kommunikation erleichtern.

Stephan Zinser spricht noch eine weitere wichtige Funktion des Changemanagements an. Er ist der Überzeugung, dass offene Strukturen Auswirkungen auf das Führungsverhalten haben. Er hält es für notwendig, dass Führungskräfte für diese Änderungen sensibilisiert werden müssen. Es bedürfe einer Vorbereitung und Unterstützung beim Wandel, damit diese den Veränderungsängsten beim Mitarbeiter entgegentreten und positive Erwartungen fördern könnten. Auch die Mitarbeiter sollten aus seiner Sicht im Rahmen des Veränderungsprozesses durch verhaltensorientierte Massnahmen (z. B. Schulung von Kommunikationsregeln, Entwickeln einer Feedback- und Konfliktkultur) qualifiziert und vorbereitet werden. Dadurch können Belastungen und Ängste abgebaut werden (vgl. Zinser 2004, S. 35).

Jürgen Jordan gibt ausserdem zu bedenken: „Oft diskutiert man bei der Gestaltung neuer Bürokonzepte nach dem Umzug mit Mitarbeitern über die harten Faktoren, wie z. B. eine Beleuchtung, die laut Messung um 10 Lux zu dunkel ist. Dabei kann der Mensch im Bereich der geforderten 500 Lux eine Über- oder Unterschreitung um 50–100 Lux subjektiv kaum wahrnehmen." Daran zeigt sich die „Weichheit der harten Faktoren", gemäss der auch bei objektiv und messbar korrekt eingehaltenen harten Faktoren Unzufriedenheit auftreten kann, wenn weiche Faktoren, wie z. B. die Beteiligung und die Information im Prozess, nicht berücksichtigt werden. Bei der Gestaltung moderner Bürokonzepte kommt es nämlich vor allem auf den Prozess und das Wie an, damit Akzeptanz erzielt wird.

Ein weiterer Aspekt, der eigentlich auf der Hand liegt, ist, dass der zukünftige Nutzer schon allein deshalb in die Analysephase einbezogen werden sollte, weil er die Anforderungen seiner täglichen Arbeit an das Bürokonzept am besten kennt.

Kelter hat 2003 im Rahmen seiner Studie unter anderem untersucht, wie sich die Mitgestaltungsmöglichkeit in der Konzeptionsphase auf einzelne Beurteilungen des Arbeitsplatzes nach der Implementierung auswirkt. In einer schriftlichen Befragung mit 378 Teilnehmern aus 48 verschiedenen Unternehmen konnte Kelter darüber hinaus den Einfluss der Mitgestaltungsmöglichkeit auf Territorialautonomie, Arbeitseffizienz, wahrgenommene Zweckmässigkeit des Arbeitsplatzes und persönliches Wohlbefinden belegen.

Im Rahmen einer weiteren Studie, die vom Büro für Arbeitsgestaltung- und Arbeitsschutz durchgeführt wurde, wurden 15 Architekten und Büroorganisationen befragt, welche Rolle das Thema Beteiligung bei der Planung von Bürogebäuden spielt. Ergebnis der Gespräche war, dass die Befragten die Beteiligung für wichtig oder sogar unabdingbar halten, es aber aufgrund von fehlender Unterstützung durch das Management meist eine ungenutzte Ressource bleibt. Gründe dafür liegen in der Befürchtung, eine lange Liste an Wünschen zu erhalten, die nicht erfüllt werden können, oder in dem Vorhandensein einer Unternehmenskultur, die keine offene Informationspolitik zulässt. Die Befragten arbeiten mit Multiplikatoren, also denjenigen unter den Mitarbeitern, die Promotoren der Veränderung sind, befassen sich aber zunehmend auch mit dem Thema Changemanagement (Martin o.J., S. 2 f.).

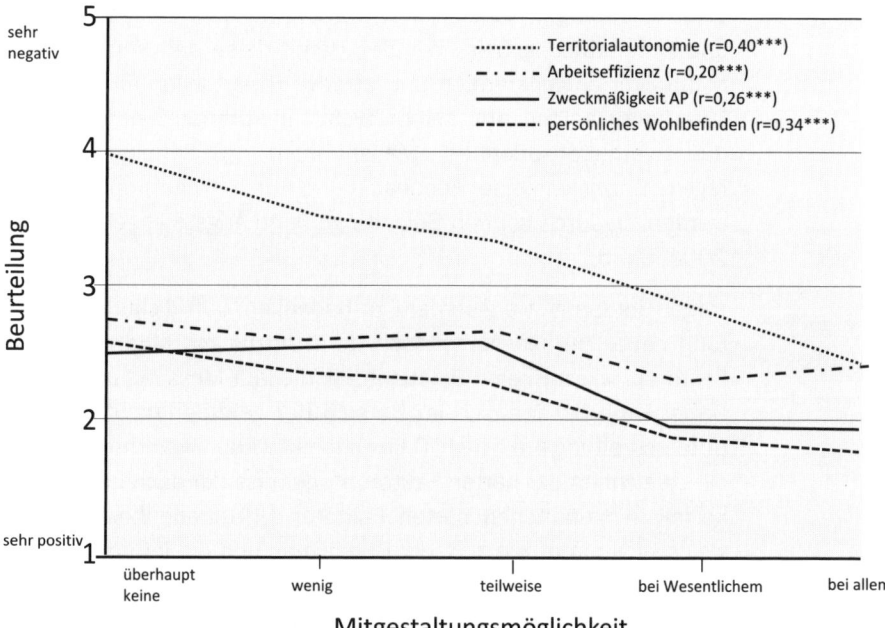

Abbildung 3:   Einfluss der Mitgestaltungsmöglichkeiten auf einzelne
                Beurteilungen (Quelle: Kelter 2002, S. 101)

Welches Vorgehen ist angebracht?

Changemanagement ist Revolution von oben und von unten. Eine Veränderung im Unternehmen herbeizuführen, ist unternehmerisches Handeln. Die Entscheidung fällt oben an der Spitze. Wie die Entscheidung umgesetzt und ausgeführt wird, bestimmen die Mitarbeiter, das „Wissen der Basis". Aufgabe der Unternehmensführung im Changemanagement-Prozess ist es, von Anfang an keinen Zweifel an der Erreichung der Ziele und an deren Umsetzung in konkretes Verhalten aufkommen zu lassen. Zu sagen: „Das probieren wir mal aus, und schauen, wie das passt, und wenn es nicht passt, dann lassen wir es halt", das ist der falsche Weg. Es gibt in jeder Organisation viele Bedenkenträger, die genau zu wissen glauben, dass so etwas nicht gut gehen kann, „denn das ging bei uns im Unternehmen noch nie" und „diese neuen Methoden sind nicht übertragbar".

Das bedeutet auch, dass nicht jeder das Ziel erreichen kann oder will; es gibt auch immer Verlierer im Wandlungsprozess. Jeder muss wissen, dass man das wirklich ernst meint, und jeder muss wissen, dass er gefragt ist, mit seinem Wissen zum richtigen Zeitpunkt dazu beizutragen.

Allen Veränderungsprozessen gleich ist, dass sie ähnlich der menschlichen Lernkurve in aufeinander folgenden Phasen mit entsprechenden Höhen und Tiefen verlaufen.

Es gibt in der Literatur diverse Modelle über die Phasen des Changeprozesses. Ein sehr einfaches und viel zitiertes ist das sogenannte „3-Phasen-Modell" nach Kurt Lewin (1958). Dieses Modell beschreibt drei unterschiedliche Stationen und Verhaltensweisen, die Organisationen und Beteiligte in Veränderungssituationen durchlaufen. In der Phase des „Unfreezing" werden alte Verhaltensmuster infrage gestellt, in der darauf folgenden Phase des „Moving" ändert sich das Verhalten der Betroffenen, welches in der letzten Phase, dem „Refreezing", konsolidiert werden soll (vgl. Lewin 1958, S. 197 ff.). Wenn man davon ausgeht, dass Veränderung die natürliche Grundlage des Lebens und damit lebensnotwendig ist, muss der Konsolidierungsphase wieder eine Phase folgen, die die Flexibilität für Veränderungen in sich trägt. Das Modell von Lewin ist deshalb nicht ausreichend. Für die weitere Betrachtung entscheiden wir uns, eine weitere Phase hinzuzufügen.

Dieses 4-Phasen-Modell dient als Grundlage für die weiteren Ausführungen. Im Folgenden sind die vier Phasen beschrieben:

- Phase 1:
  Die Auftauphase, in der sich eine Bereitschaft zur Veränderung bildet, altes Verhalten infrage gestellt wird, emotionale Hürden genommen werden und ein Klima der Veränderung gebildet wird.
- Phase 2:
  Die Veränderungsphase, in der Probleme und ihre Ursachen identifiziert, Lösungen erarbeitet und Widerstände überwunden werden.
- Phase 3:
  Die Stabilisierungsphase, in der ein neues Gleichgewicht innerhalb der Organisation hergestellt und neues Verhalten gefestigt wird.
- Phase 4:
  Die Flexibilisierungsphase, in der die Wandelbarkeit der Organisation erhalten wird und neue Veränderungen aufgenommen werden.

Office-Changemanagement

Umsetzungsschritte

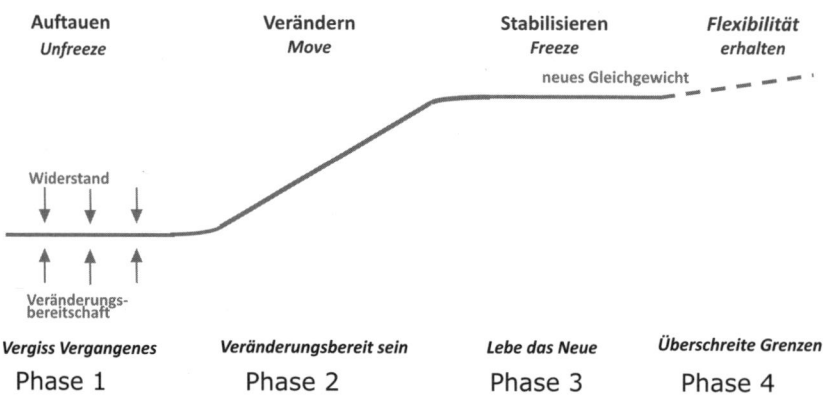

Abbildung 4:   Changemanagement 4-Phasen-Modell

Vorgehensschritte im Veränderungsprozess sind:

- aktive Veränderungsbereitschaft der Mitarbeiter durch Neugier wecken;
- Atmosphäre des Wandels schaffen; Wandel funktioniert nicht mit Macht, sondern braucht eine Dialogkultur;
- Lernen als Mittel der Veränderung sicherstellen;
- Vertrauen in den Wandel erzeugen, Signale setzen, Quick Hits aufzeigen.

Emotionale Schritte, d. h., den Menschen in seinen Gefühlen, Empfindungen und Ängsten anzusprechen, im Veränderungsprozess sind:

- Gewohntes verlernen;
- das Neue ausprobieren;
- Erfahrungen sammeln;
- die Veränderungen etablieren.

Veränderungen sind immer auch Lernprozesse. Was nicht gelernt wird, wird nicht integriert. Sowohl Menschen als auch Teams haben spezifische Lernkurven. Es kommt darauf an, sie nicht zu überfordern, sondern Zeit zum „Verdauen" der Veränderungen zu geben.

Am effektivsten gelernt wird:

- durch Learning by doing;
- über Feedback;
- im Training:
- mit Führungskräften als Coaches.

Der Mitarbeiter muss dabei persönlich angesprochen werden, den notwendigen Wandel mit anzugehen. Offenes Angehen aller möglichen Themen, das Ansprechen persönlicher Interessen und die Hilfestellung bei der persönlichen Entscheidungsfindung fördern die geistige Flexibilität und die örtliche Mobilität für den Wandel. Nur wenn grösstmögliche Klarheit über die Zukunftssituation besteht, kann der Einzelne auch Chancen und Vorteile für seine persönliche Entwicklung erkennen.

Der Changeprozess wird kontinuierlich durch ein Kommunikationsmanagement begleitet, das vor allem daraus besteht, die Menschen, die der Wandel betrifft, durch unterschiedlichste Methoden zu begleiten, sie über die Veränderungen zu informieren und ihren Bedenken und Wünschen zuzuhören.

Betrachten wir nun im Speziellen das Office-Changemanagement.

Wie wollen Menschen in den Prozess der Büroraumplanung und der Implementierung neuer Arbeitsplatzkonzepte eingebunden werden?

Die „Creating the NewWorkplace" nahm sich dieser Frage an (vgl. Konkol 2010).
Die Teilnehmer wurden in dieser Studie gefragt, in welcher Form sie bei den nach-
folgenden Themen beteiligt werden wollen:

- Partizipation bei Wahl der Büroform;
- Partizipation bei Erstellung der Flächenstandards;
- Partizipation bei Gestaltung der Büros für die eigene Abteilung;
- Partizipation bei Festlegung des Designs;
- Partizipation bei Wahl der Möbel;
- Partizipation bei Gestaltung der Pausen- und Erholungsflächen;
- Partizipation bei Wahl der technischen Ausstattung;
- Partizipation bei Gestaltung des Servicekonzeptes.

Die Studie „Creating the NewWorkplace" zeigt, dass die gewünschte Form der
Partizipation vom jeweiligen Partizipationsthema abhängt.
Nachfolgende Abbildung stellt dar, bei welchem Partizipationsthema die Teil-
nehmer in welcher Form partizipieren möchten.

Es zeigt sich, dass „Ideen einreichen" und „mit zu entscheiden" die am häufigsten
gewählten Partizipationsformen sind. Als Partizipationsthemen wurden die Büroform, die Gestaltung der Büros für die eigene Abteilung sowie die Auswahl von
Art und Anzahl der Möbel am häufigsten gewählt.

Partizipationswünsche nach Thema

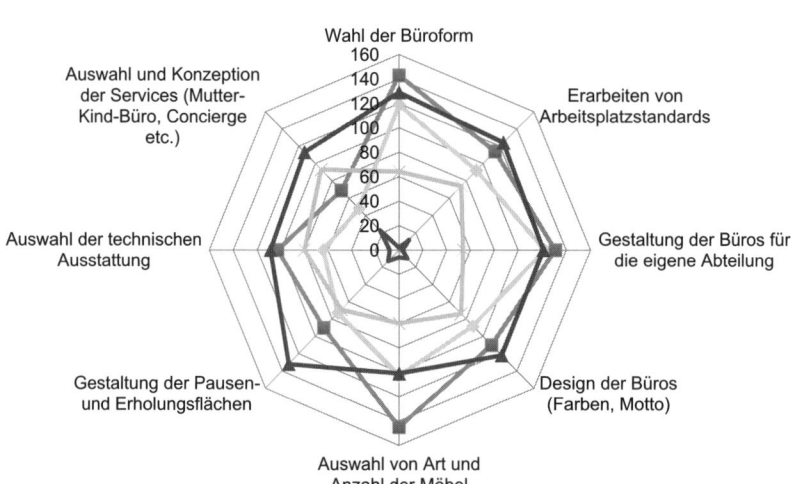

Abbildung 5:   Partizipationswünsche nach Thema (Quelle: Konkol 2010)

„Keine Beteiligung" (rot markiert) wurde nur sehr selten gewählt. Interessant ist weiterhin, dass es unabhängig vom Partizipationsthema für die Teilnehmer wichtiger ist, Ideen einzureichen und mit entscheiden zu können, als aktiv selbst zu gestalten.

Das Ranking der Partizipationsarten zeigt ein ähnliches Bild. Hier belegt die Partizipationsform „befragt zu werden" mit Abstand den ersten Platz. Eng beieinander liegen im Anschluss die Partizipationsform „früh das Ziel und die Gründe zu kennen", „Ideen einreichen zu können", „kontinuierlich informiert zu werden", „unter Alternativen wählen zu können" und „Fragen stellen zu können". Auf den letzten Plätzen liegen die Partizipationsformen „Musterbüro besichtigen", „an Workshops teilnehmen" und „nach dem Umzug betreut zu werden".

Im Fragebogen zur Studie „Creating the NewWorkplace" gab es auch ein Freitextfeld für die Angabe sonstiger Belange, bei denen die Teilnehmer gerne beteiligt werden möchten. Genannt wurden u. a. folgende Aspekte:

- Parkplatzsituation: gerechter Verteilerschlüssel für Firmenparkplätze;
- Empfangsbereich als Visitenkarte des Unternehmens;
- selbst entscheiden, ob Bürozugangstüren offen oder geschlossen sind;
- Flächenaufteilung;
- Büroform (Einzel-, Gruppen-, Grossraumbüro, offene Bürowelt, ...); für welche Tätigkeitsform/Person ist welche Büroform ideal;
- Erstellung eines Workflows, räumliche Nähe zu Kollegen;
- Auswahl der Möbel/Teppiche etc. nach geringen Schadstoffemissionen;
- Kinderbetreuungsmöglichkeiten (z. B. Betriebskindergarten/-hort).

Im Rahmen der Studie wurde ebenso beleuchtet, ob es Unterschiede im Wunsch nach Partizipation gibt, abhängig von Alter, Geschlecht und Position im Unternehmen.

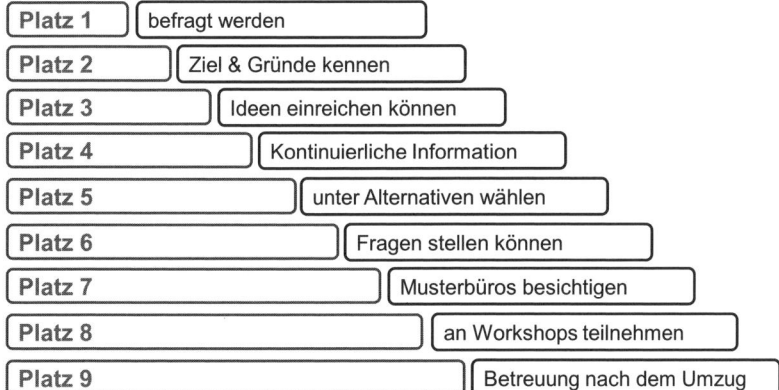

Abbildung 6: Ranking der Partizipationsthemen (Quelle: Konkol 2010)

Es muss jedoch betont werden, dass Unterschiede zwischen den Altersklassen und zwischen den Geschlechtern theoretisch nur unzureichend erklärbar sind und die ggf. zu findenden Ergebnisse in der empirischen Erhebung relativiert werden müssen. Da diese beiden Aspekte in der Praxis jedoch häufig in Betracht gezogen werden und einige Studien bereits Zusammenhänge belegt haben, sollen diese Zusammenhänge in der vorliegenden Arbeit ebenso untersucht werden.

- Alter:
  Im Vergleich zu den anderen Altersgruppen möchten die Babyboomer im Durchschnitt über alle Partizipationsthemen am stärksten beteiligt werden. Vor allem bei den unten rechts dargestellten Partizipationsthemen. Es lässt sich nicht ausschliessen, dass hier die Variablen Position oder Tätigkeitsprofil (Babyboomer sind häufiger flexible Worker und haben häufiger Personalverantwortung als die anderen Altersklassen) als Mediatorvariablen wirksam sind.
- Geschlecht:
  Bei der Variable Geschlecht möchten die Männer im Durchschnitt stärker beteiligt werden als die Frauen. Statistisch signifikant ist dieser Unterschied jedoch nur bei den Partizipationsthemen Wahl der technischen Ausstattung, Wahl der Büroform und Erstellung der Flächenstandards, bei denen Männer eine stärkere Beteiligung wünschen. Es lässt sich nicht ausschliessen, dass hier die Variablen Position oder Tätigkeitsprofil (Männer sind häufiger flexible Worker und haben häufiger Personalverantwortung als Frauen) als Mediatorvariablen wirksam sind.
- Position:
  Interessant ist die Variable Position. Die nachstehende Abbildung stellt dar, dass die durchschnittlich gewünschte Partizipationsintensität (über alle Partizipationsthemen) mit zunehmender Personalverantwortung zunimmt. Führungskräfte wollen also eher aktiv gestalten als nur Ideen einzureichen oder mit zu entscheiden. Dieser Effekt verstärkt sich mit zunehmender Personalverantwortung. Bei der Wahl der Büroform sowie der Gestaltung von Pausen- und Erholungsflächen wollen Führungskräfte mit Personalverantwortung für einen mittleren und jene mit Personalverantwortung für einen grossen Bereich signifikant stärker beteiligt werden als alle anderen.
- Tätigkeitsprofil:
  Die Studie unterscheidet zwei verschiedene Tätigkeitstypen:
  Typ 1, der flexible Worker, hat sowohl bei der Dimension Mobilität als auch bei der Dimensionen Interaktion und Komplexität eine höhere Ausprägung als Typ 2. Typ 1 zeichnet sich entsprechend durch ein Tätigkeitsprofil aus, bei dem er innerhalb und ausserhalb des Bürogebäudes sehr mobil ist, in hohem Masse vielfältige, komplexe und neuartige Aufgaben lösen muss sowie viel mit anderen zusammenarbeitet und kommuniziert.
  Typ 2, der Routineworker, hingegen ist eher weniger mobil, bearbeitet weniger komplexe Tätigkeiten und arbeitet in geringerem Masse mit anderen zusammen als Typ 1.

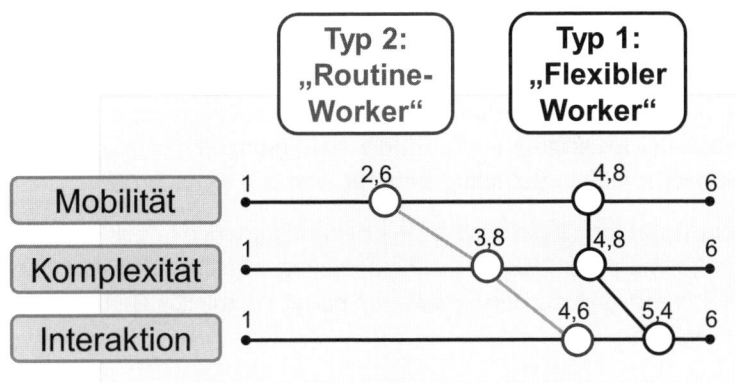

Abbildung 7:   Typenbeschreibung nach Tätigkeitsprofil (Quelle: Konkol 2010)

Hinsichtlich der Partizipation möchte der flexible Worker bei allen Themen stärker beteiligt werden als der Routineworker. Statistisch signifikant ist dieser Unterschied jedoch nur bei den Partizipationsthemen Gestaltung des Servicekonzepts, Wahl der technischen Ausstattung und Festlegung des Designs.

Die Ergebnisse der Studie zeigen, dass im Veränderungsprozess vor allem der bilateralen Kommunikation eine entscheidende Bedeutung zukommt. Es ist nicht nötig, allen Mitarbeitern die Möglichkeit zu geben, aktiv mitzugestalten. Wenn es um die Frage der Beteiligung von Mitarbeitern in Veränderungsprozessen geht, ist ein beliebtes Argument der Unternehmensleitung, dass man es nicht allen Mitarbeitern recht machen könne und es zu hohe Prozesskosten verursachte, wenn jeder Mitarbeiter in allen Punkten mitentscheiden dürfte. Die vorliegende Studie zeigt jedoch zum einen, dass die Belegschaft gar nicht immer maximal beteiligt werden möchte, zum anderen, dass die gewünschte Stärke der Beteiligung ganz klar vom Thema und auch von der Gruppenzugehörigkeit der Person abhängt.

Office-Changemanagement aus der Schublade?

Ein Office-Changemanagement-Prozess kann, wie jeder Changeprozess, nicht standardisiert werden. Es ist immer von Bedeutung, die Projektstrukturen, die Ausgangssituation, das Zielkonzept und die Beteiligten zu analysieren, um eine massgeschneiderte Changemanagement-Roadmap aufzusetzen.
Wichtig ist auch, dass diese Roadmap auf dynamische Veränderungen in der Organisation oder im Projektverlauf reagieren muss.

Wie auch schon Friedrich Dürrenmatt feststellte: „Je planmässiger Menschen vorgehen, desto wirksamer vermag sie der Zufall zu treffen."

Es ist zwar wichtig, zu planen; gleichermassen von Bedeutung ist es hierbei jedoch, den erstellten Plan nicht als dogmatisch zu betrachten, sondern sich flexibel auf die Gegebenheiten in dem Projekt einzustellen. Ein guter Change-prozess stellt sich darüber hinaus laufend selbst infrage, beobachtet das Ver-halten der Beteiligten und prüft die Auswirkungen der gegangenen Schritte, um die nächsten Schritte richtig auszutarieren und sicher zu gehen.

Kein Veränderungsprozess ist wie der andere, auch in den etwas enger definier-ten Rahmen des Office-Changemanagements nicht. Dies liegt in der Natur von Veränderungsprozessen, welche ein derart komplexes Gefüge wie Unternehmen zu verändern suchen.

Um dem Leser unser Verständnis vom Office-Changemanagement nahezubringen, möchten wir im Folgenden ein 10-Schritte-Modell in den vorstehend erläuterten vier Phasen zugrunde legen, welches die aus unserer Erfahrung wichtigsten Bestandteile enthält.

Das nachfolgend dargestellte Vorgehen versteht sich als exemplarisch und spiegelt die Schritte wider, die aus Erfahrung in Office-Changemanagement-Projekten eine grosse Hebelwirkung auf den Erfolg der Veränderung hatten.
Der Einschätzung des Experten obliegt es, die einzelnen Schritte anzupassen, die Reihenfolge zu verändern oder weitere Schritte zu ergänzen.

Phase 1	Schritt	Muster	Weitere mögliche Aktionen, (* = regelmässig oder permanent)
Auftauen	1. **Visionsworkshop** zur Gestaltung der Arbeits-/Büro-Welt	MUSTER für Inhalt und Agenda	
	2. **Strategieinterviews mit den Führungskräften** (Leitung der betroffenen Einheit) zur Ausrichtung der Arbeits-/Büro-Welt.		Befragung* Monitoring*
	3. **Roadmap**	MUSTER Office-Change-management-Roadmap	Projekt Homepage mit FAQ*
	4. **Infomarkt, Infotage** mit allen Mitarbeitern: *So wollen wir in Zukunft arbeiten*		Ideenbörse* Infomarkt evtl. wiederholen in Phase 2

Phase 2	Schritt	Muster	Weitere mögliche Aktionen, (* = regelmässig oder permanent)
Verändern	5. Akzeptanz gewinnen	MUSTER Vorher-Fragebogen	Pilotprojekt Kummerkasten*
	6. Aufbau von Change-Agents	Muster Agenda für Change-Agents-Training	Quick-Hits*-Exkursionen Newsletter in regelmässigen Abständen* Kunst* Vorträge*
	7. Chancen-Risiken-Workshop	MUSTER Checkliste „Was finden Sie am Konzept gut?"	Musterraum
Phase 3	**Schritt**	**Muster**	**Weitere mögliche Aktionen, (* = regelmässig oder permanent)**
Stabilisieren	8. Layoutworkshops		Leitfaden der Nutzung
	9. A-Workshop: Vorbereitung der Führungskräfte auf die neue Büroform 9. B-Workshop: Begleitung der Mitarbeiter in die neuen Büroformen Moderation eventuell durch Change-Agents	MUSTER Agenda Vorbereitung der Führungskräfte MUSTER Agenda Begleitung der Mitarbeiter MUSTER Fragebogen „Was erwarten Sie?"	Tag der offenen Tür Qualifizierungs-massnahmen Quick Hits* Spielregeln Guidelines Zeichen setzen Rituale verändern
Phase 4	**Schritt**	**Muster**	**Weitere mögliche Aktionen, (* = regelmässig oder permanent)**
Flexibilität erhalten	10. Erfahrungssicherung betreiben – Flexibilität erhalten	MUSTER Nachher-Fragebogen	Monitoring

Abbildung 8:   Zehn Schritte in vier Phasen

3.1 Vergiss Vergangenes – Auftauen

Erfahrung	Gedanken	Muster

Erfahrungsbericht: Umzug in die Schlüterstrasse,
Andreas Lindenstruth, STRABAG Property and Facility Services GmbH

Wir, vormals DeTelmmobilien, heute STRABAG Property and Facility Services GmbH, integrierter FM-Dienstleister rund um die Immobilie, arbeiteten in Büros mit Zellenstruktur, mitten im Herzen der Innenstadt Hamburgs.
Viele Mitarbeiter hatten sich über die Jahrzehnte in ihrer Zelle eingerichtet. Der Wohlfühlfaktor im Büro schien gross. So weit – so bequem.

An Altbewährtem wurde festgehalten, sind doch die äusseren Umstände so stürmisch: eine sich stetig wandelnde Organisationsstruktur mit neuen Abteilungen, neuen Aufgaben, neuen Ansprechpartnern, neuen Netzwerken, ... und ein auslaufender Mietvertrag für das lieb gewonnene Gebäude. Es steht ein Umzug bevor – wie gut, dass es die Zelle für einen sicheren Rückzug gibt!

Abbildung 9:   Bürokonzept am alten Standort

Der neue Standort ist schnell gefunden, ein denkmalgeschütztes, 20 m tiefes Gebäude. Eine komplette Entkernung der erforderlichen 4.000 m² grossen Mietflächen bis zur „Gotischen Fuge" wird erforderlich – ein freies Feld für neue kreative Ideen.

Dem stetigen Organisationswandel soll mit einem flächenoptimierten, transparenten Bürokonzept begegnet werden, für mehr Kommunikation, interdisziplinäres Arbeiten, mehr Verständnis für übergeordnete Projekte, Aufgaben und Ziele.

Die grösste Herausforderung war, die Kollegen von der neuen Offenheit zu überzeugen, sie proaktiv mit auf den Weg zu nehmen, ihre Wünsche und Bedenken („Geht nicht") mit den Ideen der Leitung zu verbinden.

Auf geht's: Projektteam gründen, Changemanagement aufbauen, Betriebsrat von Anfang an einbeziehen, Nutzerinterviews führen und immer den Empfang des „Flurfunks" einstellen.

Das Bürokonzept mit territorialen Arbeitsplätzen für 230 Mitarbeiter war schnell entwickelt. Eine Mischung aus Open Space für die abteilungs- bzw. teamübergreifende Zusammenarbeit, Gruppenbüros bis 15 Personen für einzelne Abteilungen/Teams und die vertraute Zellenstruktur für vertrauliches Arbeiten und kleine Organisations-Einheiten. Die gesamte Konzeption wurde unter den Aspekten des Business-Feng-Shui erarbeitet – auch das noch!!

Abbildung 10: Bürokonzept am neuen Standort in der Schlüterstrasse

Neue Begrifflichkeiten wie Meetingpoint für interaktives Arbeiten und kreativen Austausch, Think-Tanks für konzentriertes Arbeiten, Energieinseln zur Entspannung, Herzpunkt für die gemeinsame Vision, Energiefluss für ein optimales Zusammenwirken, Open Space und Transparenz erfüllten die Gespräche mit den Beschäftigten. Die anfängliche Ablehnung „Geht nicht" wandelte sich im Verlauf des Projektes maximal in „skeptische Neugier".

Auf der Baustelle setzte sich die „Geht nicht"-Mentalität fort: ovale Einlegearbeiten im Teppichboden, Aufbau des Herzpunktes, Brennbarkeitsnachweis für die Pflanzen der Energieinseln in den Fluchtwegen.

Einer weiteren Befürchtung der Beschäftigten bezüglich der Akustik in den Open Spaces und Gruppenbüros wurde mit einem raumbildenden Akustiksystem aus schirmenden Glaswänden mit integrierten Absorbern begegnet. Alle Arbeitsplätze wurden mit neuem, einheitlichem Mobiliar ausgestattet, was in Musterflächen gemeinsam ausgewählt wurde.

Aus dem Gefühl des Verlustes an Schutz und Individualität wurde nach und nach ein Gefühl von Wertschätzung, neuem Miteinander. Ein neues Raumgefühl und die vielen neuen Möglichkeiten der Zusammenarbeit stellten sich schnell ein. Bereits nach vier bis sechs Wochen wurden die neuen Bürowelten von 90 % der Beschäftigten wertgeschätzt. Und sie haben sich und ihre Umgebung ganz neu wahrgenommen.
Es haben sich durch die Transparenz neue Geschäftsideen und Projekte entwickelt, gesehen und entwickelt von den Mitarbeitern und ihren Führungskräften. Eine Identifikation ihrer Arbeit für das Unternehmen hat eine ganz neue Perspektive erhalten.

„Geht nicht" gibt es nicht mehr – und schon gar nicht zurück in die Zelle!

Erfahrung	**Gedanken**	Muster

Die Entscheidung, dass

- ein neues Bürokonzept benötigt ...
- ein neues Gebäude gebaut ...
- ein Umbau gemacht ...
- eine Bürofläche erweitert ,,,
- eine Reduzierung der Flächenkosten angestrebt ...
- ...

wird, ist gefallen. Ein Projekt wurde ins Leben gerufen, die Projektleitung und das Projektteam installiert (siehe nähere Erläuterungen im Kapitel 4.3 „Die richtigen Ressourcen im Veränderungsprozess").

Was ist zu tun?

1. Schritt **Visionsworkshop** zur Gestaltung der Arbeitsbürowelt

Visionsworkshop mit der Unternehmensleitung. In diesem Workshop werden die übergeordneten Rahmenbedingungen – Leitbild, Zielsetzung, Parameter – für die Gestaltung der Arbeitsbürowelt definiert. Diese werden aus den allgemeinen strategischen Unternehmenszielen abgeleitet, damit die Implementierung des neuen Arbeitsplatzkonzeptes als Teil der Unternehmensstrategie verstanden wird. Die Ergebnisse werden festgehalten und dienen als Richtschnur für alle weiteren Entscheidungen.

Hinweis

Für den Erfolg des Changeprozesses ist es wichtig, dass die Teilnehmer des Workshops möglichst hoch in der Hierarchieebene angesiedelt sind. Idealerweise wird dieser auf Ebene des Topmanagements durchgeführt. Zumindest aber müssen alle betroffenen Einheiten von einer entscheidungsbefugten Führungskraft repräsentiert werden.

Visionsworkshop: Strategie – Inhalt und Agenda

- Durchführung eines strategischen Workshops zur Festlegung von projektrelevanten Guidelines, Parametern, Leitlinien
- Anforderungen der Arbeitswelt von morgen
- Das Neben- und Miteinander von Kommunikation, Konzentration und Rekreation
- Umdenken von Büroarbeitsplatz zu Arbeitsarchitektur
- Gesamtkonzept für Team, Austausch, Mobilität, Erhalt und Fördern der Gesundheit
- Unternehmenskultur und ihr Abbild im Bürokonzept
- Realisierte Beispiellösungen

Erfahrung   Gedanken   **Muster**

MUSTER **Visionsworkshop:** – Inhalt und Agenda

Flexible Arbeitswelten

- Changemanagement in der Büroplanung

Anforderungen an die Arbeitswelt von morgen

- Arbeiten, wo und wann man will
- Das Nebeneinander von Kommunikation, Konzentration und Recreation
- Das Büroumfeld wird flexibler, inkl. Desksharing
- Die demografische Entwicklung bestimmt das Umfeld
- Arbeits- und Privatleben wachsen zusammen
- Neue Bürokultur muss systematisch gelernt werden
- Das IuK-Umfeld wird sich weiter rasant ändern
- Sein und Design bestimmen das Erleben
- Leitbild und Unternehmenskultur müssen sichtbar sein
- Wohlfühlfaktoren bestimmen die Motivation
- Sich wohlfühlen und gesund bleiben
- Die Führungskultur entscheidet über den Erfolg
- Neue Bürowelten gelten für alle Branchen

Flexible Arbeitswelten

- Changemanagement in der Büroplanung

Ihr Leitbild /Leitlinien

Wie sieht Ihre Organisation in 5–10 Jahren aus?

Sie ziehen um in _____Jahren?
Sie wollen die Immobilie nutzen für _____Jahre?

MUSTER **Visionsworkshop:** – Inhalt und Agenda

Flexible Arbeitswelten

- Changemanagement in der Büroplanung

Welche Geschäfts-, Prozess- und Verhaltenziele soll die neue Bürowelt unterstützen?

Flexible Arbeitswelten

- Changemanagement in der Büroplanung

Welche Veränderungen ergeben sich daraus und was hat das für Auswirkungen auf die Unternehmens-, Team- und Führungskultur?

... und ihr Abbild im Bürokonzept

MUSTER **Visionsworkshop:** – Inhalt und Agenda

Flexible Arbeitswelten

- Changemanagement in der Büroplanung

Ihre Bürowelten heute ganz gut, aber geht es noch besser?

Aufenthaltsqualitäten?   Flächeneffizienz?

Erlebnisqualitäten?   Nachhaltigkeit?

Kreativität?   Anregend?

Ergonomie?   Gesunderhaltend?

Teamorientierung?   Identitätsfördernd?

Offenheit?   Flippig?

Wohlfühlen?   Einzigartig?

Ressourcenschonung?

Flexible Arbeitswelten

- Changemanagement in der Büroplanung

Welche Ziele der Bürogestaltung sehen Sie?
Und in welcher Priorisierung?

Verbesserung der

Arbeitsplatzbedingungen   Workflow-Management

Nutzungskosten   Nachhaltige Gestaltung

Flächeneffizienz   Gesundheit

Standardisierung   Aufenthaltsqualität

Mobilisierung der Arbeit   Gestaltung, Design

Kommunikation, Interaktion   Ergonomie

Innovation, Kreativität   Recreation, Entspannung

Prozessoptimierung   Konzentration

MUSTER **Visionsworkshop:** – Inhalt und Agenda

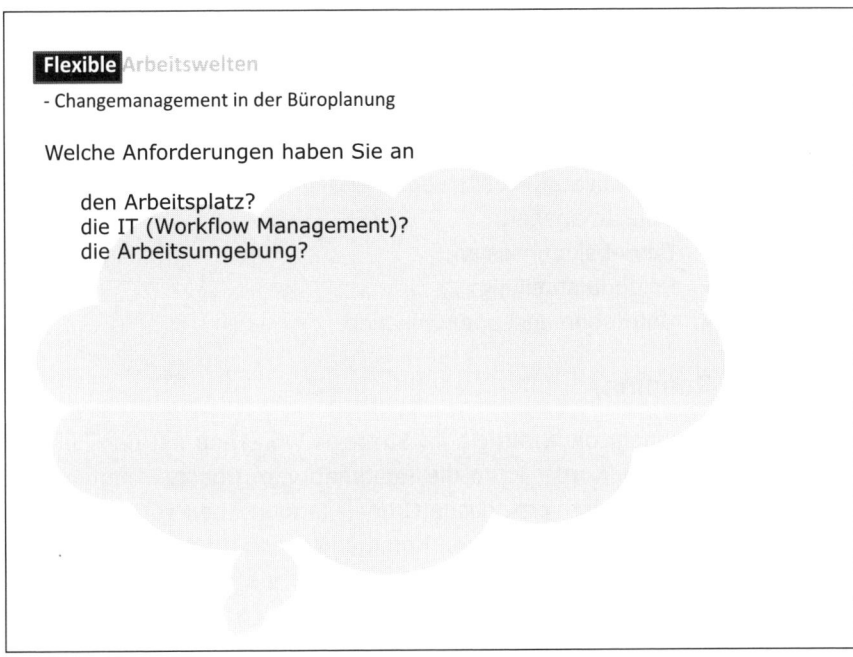

> **Flexible** Arbeitswelten
>
> - Changemanagement in der Büroplanung
>
> Welche Anforderungen haben Sie an
>
> > den Arbeitsplatz?
> > die IT (Workflow Management)?
> > die Arbeitsumgebung?

2. Schritt Strategieinterviews mit den Führungskräften

Erfahrung	**Gedanken**	Muster

Interviews mit der Leitung der betroffenen Einheit zur Ausrichtung der Arbeits-bürowelt.

Die Projektleitung/das Projektteam führt Interviews mit den Führungskräften, um mit ihnen die Auswirkungen des Visionsworkshops auf ihrer Ebene zu diskutieren und ein Verständnis über die Arbeitsweisen und Besonderheiten der jeweiligen Einheit zu erhalten. Dadurch wird den Führungskräften auch eine Plattform geboten, um Fragen zum Verständnis zu stellen und Bedenken zu äussern. Ausserdem gilt es, in diesen Veranstaltungen mit den Führungskräften die möglichen Veränderungen der Führungskultur, die sich aus den Veränderungen der Arbeitsprozesse und des gewandelten Kommunikationsverhaltens ergeben, zu diskutieren.

Alternativ können die Interviews auch als Führungskräfte-Workshop durchgeführt werden. Hier bewährt es sich, auch eine Exkursion zu vergleichbaren Projekten zu organisieren, bei der Organisationen besucht werden, die bereits einen ähn-lichen Veränderungsprozess durchlaufen haben und bereit sind, sehr offen über den Gesamtprozess zu diskutieren.

Nach den Interviews mit den Führungskräften sind alle Ziele festgeschrieben und überprüft, das Projekt hat seine Feinplanung und auch die Schwierigkeiten und Bedenken sind bekannt. Spätestens jetzt gilt es, alle einzubeziehen, die aus gesetzlichen oder sachlichen Gründen aufgrund ihrer Funktion im Unternehmen einzubeziehen sind. Dazu gehören:

- Betriebsrat;
- Betriebsarzt, Arbeitsmediziner;
- Objektmanager;
- Betriebskommission;
- Personalabteilung;
- Unternehmenskommunikation.

3. Schritt   Roadmap

Nachdem die Strategie im Strategie-Workshop mit den Führungskräften verabschiedet wurde, kann die Roadmap vom Changeexperten erstellt werden. Die Roadmap ist verbindliche Grundlage (von oben verabschiedet) für das Projekt. Sie enthält die einzelnen Kommunikations- und Qualifikationsmassnahmen, die ab sofort durchzuführen sind. Obwohl sie verbindlich ist, ist sie nicht in Stein gemeisselt.

Es sollte jedoch allen Beteiligten klar sein, dass Veränderungsprozesse hoch dynamisch sind. Im Verlauf des Veränderungsprozesses muss auf die Stimmungslage der Beteiligten und den aktuellen Informationsbedarf reagiert werden. Veränderungen im Projektverlauf, z. B. Bauzeitplanveränderungen oder Veränderungen des Konzeptes, haben oft ebenso einen Einfluss auf den Changeprozess. Professionelles Changemanagement bedeutet in diesem Sinne, dass der Changeexperte den Prozess bei Bedarf an die Bedürfnisse der Organisation bzw. des Projektes anpassen sollte. Eine Change-Roadmap ist damit Leitfaden für alle Projektbeteiligten, aber nicht unveränderlich. Dieses Verständnis sollte auch im Strategie-Workshop mit den Führungskräften geklärt werden.

Um eine Akzeptanz unter den Mitarbeitern zu erzielen, ist es von hoher Bedeutung, ein Kommunikationskonzept zu entwickeln und zu realisieren, welches alle Hierarchieebenen berücksichtigt. Der Informationsfluss sollte aktuell, transparent und regelmässig sein und durch die Führung unterstützt werden, denn Changemanagement ist in erster Linie Führungsaufgabe. In diesem Konzept sollten alle wichtigen Meilensteine des Projektes berücksichtigt sein, vom Kick-off bis zum Projektabschluss. Es muss geklärt werden, welche Informationen wann fliessen müssen und über welches Medium/Veranstaltung dies geschieht.

Bei der Erstellung des Konzeptes können interne Abteilungen, wie die Unternehmenskommunikations- oder HR-Abteilungen, mitwirken. In diesem Rahmen sollten auch die Verantwortlichkeiten zwischen Berater und den internen Bereichen abgegrenzt werden.

Face-to-Face-Kommunikation ist die schnellste und effizienteste Kommunikationsform, weil sie Verständigungsfehler verhindert. Die Dialogkultur, die dabei entsteht, fördert

- Ideen,
- das Lernen aus Fehlern und Erfolgen und
- wirkt der Gerüchtebildung entgegen.

Der offene Austausch von Informationen, Thesen und Antithesen sorgt dafür, dass Innovation und Änderung ständig laufen können und nicht immer wieder neu angestossen werden müssen.

Eine offene Kommunikation über die Ziele des Projekts und die Erläuterung des Vorgehens tragen wesentlich zur Akzeptanz bei. Wenn die Mitarbeiter verstehen, warum und wie bestimmte Entscheidungen zustande kommen, tragen sie diese (eher) mit.

Hinweis

Je nach Projektablauf ist es manchmal auch sinnvoll, die Roadmap erst nach Durchführung der Führungskräfteinterviews zu erstellen, da in den Interviews viele Informationen über die Veränderungsbereitschaft, mögliche Hürden und Akzeptanzfaktoren generiert werden. Diese können einen erheblichen Einfluss auf die Change-Roadmap haben. Richtig eingesetzt kann die Kenntnis über diese Faktoren und deren Berücksichtigung bei Gestaltung der Changeaktivitäten eine entscheidende Hebelwirkung auf den Erfolg des Veränderungsprozesses innehaben.

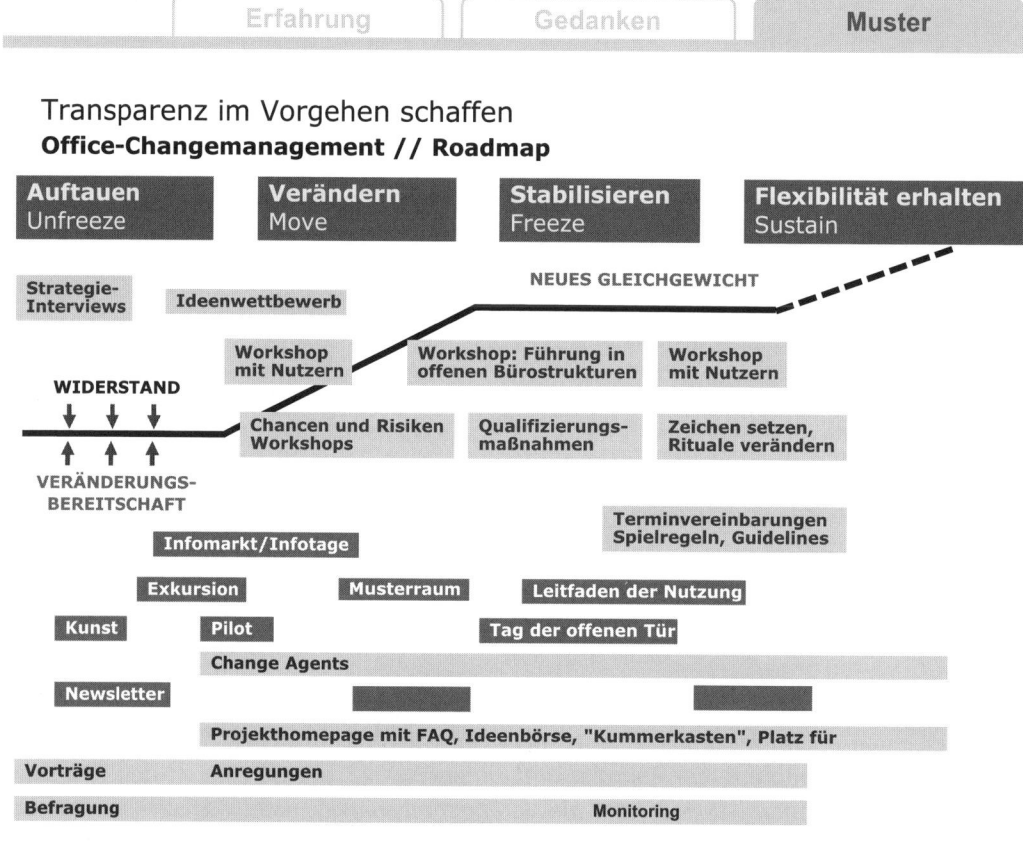

Transparenz im Vorgehen schaffen
Office-Changemanagement // Roadmap

Abbildung 11: Exemplarische Office-Changemanagement-Roadmap

4. Schritt   Infomarkt, Infotage mit allen Mitarbeitern:

So wollen wir in Zukunft arbeiten

Im Rahmen von Infoveranstaltungen/Infomärkten werden allen beteiligten Mitarbeitern die wesentlichen Projektkomponenten vorgestellt. Der Infomarkt sollte ganztägig „geöffnet" sein. Die Mitarbeiter können den Infomarkt besuchen, wann sie wollen. Im Mittelpunkt des Infomarktes stehen folgende Inhalte:

- Projektkonzept (Ziel und Vorgehen, Nutzen und Aufwand, Vorteile und Risiken);
- betroffener Standort, Gebäude, (Besichtigungen?);
- infrastrukturelle Möglichkeiten;
- mögliches Arbeitsplatzmobiliar;
- mögliche Desk-Sharing-Regularien;
- technische Komponenten (Telefonie, Buchungssoftware);
- konkrete nächste Schritte und Möglichkeiten der Mitarbeiter, um im Gestaltungsprozess mitzuwirken.

Das gesamte Projektteam begleitet den Infomarkt moderierend. Entscheidend ist, in diesen Veranstaltungen die Frage nach dem Warum – dem Primat der Sinnhaftigkeit – des Tuns und nach dem Zielverhalten der von den Veränderungen Betroffenen (Mitarbeitern, Führungskräften) anzusprechen.

- Warum entscheiden wir uns für offene Strukturen?
- Warum führen wir das Prinzip der Nonterritorialität ein, obwohl doch alle Mitarbeiter fast ständig im Gebäude sind?
- Was soll durch die Zentrierung der Endgeräte erreicht werden?
- ...

Förderlich für die Akzeptanz des Projektes ist es, wenn auch das Topmanagement auf dem Infomarkt präsent ist und als Sponsor des Projektes auftritt.

Der Infomarkt kann zweimal durchgeführt werden: das erste Mal – so wie hier beschrieben – am Anfang des Projekts als allgemeine Vorstellung der Ziele; das zweite Mal, wenn schon konkrete Arbeitsplatzkonzepte vorliegen, als Information „So könnte es aussehen".

Alternativ zum Infomarkt können die Erstinformationen auch über Mitarbeiterversammlungen oder Roadshows an verschiedenen Standorten gestreut werden. Um die richtige Auswahl zu treffen, ist es wichtig, zu verstehen, wie die Kommunikation üblicherweise in dem Unternehmen erfolgt. Weitere Faktoren wie die Grösse des Projektes, die Anzahl und Verbreitung der Standorte sowie das Ausmass der geplanten Veränderung sollten die Entscheidung für das Kommunikationsmedium ebenso determinieren.

3.2 Neuerungsbereit sein – Verändern

Erfahrung	Gedanken	Muster

Erfahrungsbericht: Projekt NEON/LITHIUM – die Neugestaltung des Rheniumhauses,
Thorsten Zwenzner, REHAU AG + Co

Das Rheniumhaus – alle Gebäude und Bauprojekte an den Verwaltungsstand-orten der REHAU-Gruppe sind nach chemischen Elementen oder Verbindungen benannt – wurde im Jahr 1968 für die kaufmännische Verwaltung der REHAU AG + Co in der gleichnamigen oberfränkischen Stadt Rehau gebaut. Als Gross-raumbüro konzipiert, war es für die damalige Zeit ein fast revolutionäres Projekt und prägt mit seiner markanten Erscheinung bis heute das Erscheinungsbild des Stammsitzes der Unternehmensgruppe.

Mittlerweile war das Gebäude jedoch in die Jahre gekommen und entsprach weder hinsichtlich der Bausubstanz, der energetischen Situation sowie der Haustechnik noch hinsichtlich der Arbeitsplatzkonzepte den heutigen Anforderungen. So entschloss man sich 2006 zu einer umfassenden Sanierung und Modernisierung des Gebäudes, welches heute im 1. und 2. Obergeschoss auf 4.800 m² das strategische Geschäftsfeld Industrie mit ca. 200 Mitarbeitern beherbergt.

Im Erdgeschoss entsteht gerade im dritten Bauabschnitt ein komplett neu gestalteter, grosszügiger Empfangsbereich mit Schulungs- und Besprechungsräumen sowie offenen Zonen für die informelle Kommunikation, bis hin zu Lounge-Bereichen und Espressobar.

Der wesentliche Treiber für das Projekt, welches unter der Leitung von WEBERWÜRSCHINGER Architekten (Michael Weber, Klaus Würschinger und Haye Bakker) realisiert wurde, war neben der notwendigen Sanierung der Bausubstanz vor allem auch der Wunsch der Unternehmensleitung, den Angestellten ein optimales, attraktives Arbeitsumfeld bieten zu können.

Jobst Wagner, Präsident der REHAU-Gruppe, hat es so formuliert: „Es geht uns nicht um Prestigebauten, sondern darum, unsere Mitarbeiter zu unterstützen, innovative Qualitätsarbeit zu leisten." Der ursprüngliche Charakter des Gebäudes sollte dabei jedoch trotz konsequenter Berücksichtigung der Anforderungen moderner Arbeitswelten gewahrt bleiben.

Rheniumhaus – Bibliothek

Aus dem alten Grossraumbüro wurde also eine moderne Open-Space-Landschaft mit persönlich zugeordneten Doppelarbeitsplätzen in Zweierreihe an den Fensterfronten, einigen verglasten Einzelbüros für obere Führungskräfte sowie Besprechungszimmern, informellen Kommunikationszonen, Lounge-Bereichen und weiteren Sondernutzungsflächen (Copy-/Tea-Point etc.) im Bereich des Innenkerns. Die Möblierung sowie die gesamte Innenarchitektur sind sehr modern, partiell werden aber auch prägende Gestaltungselemente von früher aufgenommen. Eine deutliche Verbesserung hat sich hinsichtlich der Klimatisierung, der Beleuchtung sowie der Belegungssituation ergeben. Insgesamt ist damit eine sehr attraktive, behagliche und funktionale Arbeitsumgebung entstanden, welche sich tendenziell positiv auf die Mitarbeiterzufriedenheit ausgewirkt hat.

Defizite bestehen hinsichtlich der Direktschallschirmung, sowohl zu den Kommunikationsbereichen hin als auch zwischen den Einzelarbeitsplätzen, was sich teilweise sehr störend auswirkt und die Konzentrationsfähigkeit massiv beeinträchtigt. Dies vor allem auch in Verbindung mit einem Mangel an entsprechend gestalteten Rückzugsbereichen, wie Think-Tanks, Phone-Booths etc.

Eine Verbesserung dieser Situation verspricht die Fertigstellung des dritten Bauabschnitts, der auch gerade solche Flächen vorsieht, in Kombination mit Massnahmen zur Beeinflussung des Nutzerverhaltens, um sicherzustellen, dass störendes Verhalten eben in die dafür vorgesehenen Zonen verlagert wird.

Auch die Platzierung der Lounge-Bereiche direkt vor den verglasten Konferenzräumen ohne hinreichende visuelle Abschirmung ist nicht optimal. In Verbindung mit gewissen kulturellen Abhängigkeiten („Hat der Mitarbeiter nichts zu tun?") behindert dies die Nutzung bzw. Akzeptanz dieser Flächen deutlich.

3
Stabili-
sieren

Durch eine Umgestaltung und Neumöblierung sowie ein verstärktes Vorleben entsprechender Verhaltensweisen aus dem Kreis der Vorgesetzten soll hier gegengesteuert werden.

Rückblickend betrachtet, wurde im ersten und zweiten Bauabschnitt das Thema Changemanagement vernachlässigt, wohl auch, weil die meisten Mitarbeiter bereits aus dem „Grossraum" kamen und man daher wenig Bedenken hinsicht-

lich der Akzeptanz hatte. Dennoch hat vielen Mitarbeitern ganz offensichtlich eine Gebrauchsanweisung für die neuen Räumlichkeiten, insbesondere der Workbenches und „Innovationsinseln", gefehlt. Die sinnvolle Nutzung eines zonierten Open Space erschliesst sich offensichtlich doch nicht ganz so einfach und intuitiv, wie man das erwartet hatte. Mittlerweile ist das Konzept jedoch akzeptiert und verstanden, die entsprechenden Flächen werden sukzessive immer besser frequentiert.

Für den dritten Bauabschnitt hat die Projektleitung daraus ihre Lehren gezogen und begleitet das Projekt bereits von Beginn an konsequent mit entsprechenden Informationsmassnahmen, zumal hier der „Cultural Change" noch einmal deutlich weiter geht als im ersten und zweiten Obergeschoss.

Erfahrung	**Gedanken**	Muster

Offenheit für Veränderung

Wer Erfolg ernten will, muss Offenheit für Veränderung und Glauben an den Fortschritt investieren.

Beispiel

Wer jedes Jahr an das gleiche Urlaubsziel fährt, sucht die Sicherheit und Geborgenheit des Bekannten und Vertrauten; er will keine Überraschung erleben und Neues erkunden müssen. Aber auch der bekannte, vertraute Urlaubsort bleibt nicht immer gleich – es wird Neues gebaut, Altes abgerissen, die liebgewonnene Taverne gibt es nicht mehr, man muss woanders hingehen. Und siehe da, auch die neue Taverne ist gut, bietet sogar etwas, was man immer in der alten vermisst hat; es kann sich also lohnen, auch mal woanders hinzufahren.

Persönliche Veränderungsbereitschaft ist daran erkennbar, dass das Aufgeben von Altem nicht als Verlust, sondern als Chance zu einem Neuanfang begriffen wird und die Zufriedenheit mit dem Erreichten nicht auf alle Zeit vorherrscht. Entscheidend ist die generell positive Grundhaltung gegenüber Veränderungen und neuen Ideen. Nur das bewirkt eine genügend grosse Flexibilität sowohl in der Einstellung als auch im Können, um auf sich verändernde Büroprozesse spontan adäquat reagieren zu können.

Jeder Einzelne, jede Gruppe, jede Organisation muss sich fragen, muss sich bewusst sein:

* Was sind wir bereit, über Bord zu werfen?
* Keine Angst vor Verlust und keine Angst vor dem Neuen!
* Jede Veränderung braucht den Mut zur konstruktiven Zerstörung! Wo soll sonst das Neue entstehen?

- Auch eine von allen Beteiligten als positiv angesehene Veränderung bedeutet Verlust, weil Gewohntes, Liebgewonnenes aufgegeben werden muss!
- Ohne Minus kein Plus, ohne Weniger kein Mehr!

Beispiel

Veränderung heisst z. B., wenn der Aktenschrank voll ist, nicht einen weiteren Schrank aufstellen, sondern den vollen Schrank „auszumisten", Altes, nicht mehr Benötigtes wegzuwerfen und Platz zu schaffen für Neues.

Neues lernen und Altes verändern

Gelernt werden muss für zukünftige Geschäfte *(wir lernen, was wir zukünftig brauchen)*. *Wer heute nicht mit der Zeit geht, geht mit der Zeit!* Und das gilt nicht erst heute. Ludwig I., König von Bayern, verkündete in der ersten Hälfte des 19. Jahrhunderts: „Was alt ist und gut, soll bleiben, was alt ist und gleichgültig, mag bleiben, und was alt ist und schlecht, will ich stürzen, auch wenn es tausend Jahre bestünde."

„Mit der Zeit gehen" bedeutet, die Gestaltung der Organisationsstrukturen und Arbeitsprozesse immer wieder neu an die sich permanent ändernden Marktanforderungen anzupassen. Für alle – seien es nun Mitarbeiter, Führungskräfte oder Betriebsräte – gilt das Prinzip des lebenslangen Lernens. Wer diesen Grundsatz missachtet, wird nicht nur in der Wirtschaft, sondern auch im privaten Leben in Schwierigkeiten geraten oder gar scheitern.

Neues lernen wird erleichtert, wenn man sieht, dass andere den Weg schon gegangen sind, dass es kein endgültiger Schritt ist, bzw. wenn man eigene Ideen anbringen kann.

Was ist zu tun?

5. Schritt   **Akzeptanz gewinnen**

- Reisen zu Good-Practice-Beispielen/Benchmark-Reisen
- Pilotprojekte zur Evaluation und Transparenz der Projektplanung
- Integration von Mitarbeitern in die Projektteams
- Strukturierte Partizipation durch Interviews und schriftliche Erhebungen = Vorher-Fragebogen über die Istsituation

 siehe MUSTER Vorher-Fragebogen

- Unstrukturierte Partizipation durch Kummerkasten, Ideenbörse, Vorschlagswesen
- Persönliche Gespräche mit Mitarbeitern

| Erfahrung | Gedanken | **Muster** |

Vorher-Fragebogen (Auszug)

		trifft gar nicht zu	trifft weniger zu	teils – teils	trifft eher zu	trifft voll zu
Infrastruktur	Die Arbeitsmittel, die ich für meine Aufgaben benötige, sind vorhanden.	O	O	O	O	O
Infrastruktur	Die Anordnung der Schreibtische ist für die Zusammenarbeit optimal.	O	O	O	O	O
Infrastruktur	Ich habe ausreichend Ablagefläche am Arbeitsplatz.	O	O	O	O	O
Infrastruktur	Es gibt genügend Unterbringungsmöglichkeiten für Arbeitsmaterialien (Stauraum).	O	O	O	O	O
Infrastruktur	Der Schreibtisch ist auf meine Sitzhöhe einstellbar.	O	O	O	O	O
Raumangebot	In unserem Büro finde ich Raum, den ich suche, einfach und schnell.	O	O	O	O	O
Raumangebot	Für Gespräche mit Kunden, Projektpartnern und Gästen gibt es entsprechende Rückzugsmöglichkeiten.	O	O	O	O	O

Raumangebot	Ich kann mich bei vertraulich zu behandelnden Angelegenheiten schnell und einfach zurückziehen.	O	O	O	O	O
Raumangebot	In unserem Bürokonzept gibt es genügend Möglichkeiten, um ungestört zu telefonieren, ruhig zu arbeiten, vertrauliche Gespräche zu führen, schnell seine Ideen mit anderen auszutauschen.	O	O	O	O	O
Wohlfühlen Gesundheit	In unserem Bürokonzept gibt es genügend Rückzugsmöglichkeiten für Pausen und Entspannung.	O	O	O	O	O
Wohlfühlen Gesundheit	Der Abstand zum nächsten Arbeitsplatz ist gerade richtig.	O	O	O	O	O
Kommunikation	Das Bürokonzept ermöglicht es, dass ich schnell mit meinen Kollegen, Mitarbeitern oder Führungskräften in Kontakt treten kann.	O	O	O	O	O
Kommunikation	Unser Bürokonzept unterstützt Teamarbeit.	O	O	O	O	O
Kommunikation	Die Räumlichkeiten an unserem Standort unterstützen die direkte arbeitsbezogene Kommunikation mit den Kolleginnen und Kollegen.	O	O	O	O	O
Kommunikation	Unsere Bürosituation unterstützt den Wissensaustausch innerhalb des Teams bzw. der Abteilung (z. B. Einblick in die Arbeitstätigkeiten anderer Kolleginnen und Kollegen)	O	O	O	O	O

6. Schritt Change-Agents aufbauen

In den einzelnen Umsetzungsschritten hilft es, glaubwürdige Personen als Multiplikatoren einzusetzen.

Wichtig für das Changemanagement-Team ist es, Unterstützer zu finden und mit diesen an Strategien zu arbeiten, wie die Botschaft der neuen Arbeitswelten ins Unternehmen getragen werden kann und wie die Kollegen für diesen Schritt zu gewinnen und zu überzeugen sind. Deshalb ist es sinnvoll, am Anfang sogenannte Change-Agent-Workshops einzuplanen, bei denen diese Mitarbeiter in der neuen Thematik geschult und in die Grundlagen des Veränderungsmanagements eingeführt werden, um so als kompetente Vervielfältiger im Unternehmen auftreten zu können. Diese Change-Agents stehen im Rahmen des Changemanagements vor, während und nach der Umsetzung des neuen Workplace-Konzepts allen Mitarbeitern für Fragen, Sorgen und Kritik als Ansprechpartner zur Verfügung.

Aufgabe der Change-Agents ist es:

- die Information möglichst breit zu streuen, anstatt Spekulationen/Gerüchte zuzulassen, und offizielle Informations- und Kommunikationswege durch ergänzende Netzwerke zu unterstützen (Seminargruppen, Förderkreise, informell einberufene Treffen, gezielt angesprochene Mitarbeiter in den einzelnen Bereichen).
- Feedback und offene Fragen ihrer Kollegen entgegenzunehmen und in das Projektteam zurückzutragen. Sie fungieren als Barometer für die aktuelle Stimmungslage der beteiligten Mitarbeiter und sollen sowohl konstruktive Ideen als auch Kritik weitergeben, damit diese bei der Konzeptionierung berücksichtigt werden können. Im Idealfall gibt das Projektteam den Change-Agents Entscheidungsvorlagen mit mehreren Alternativen an die Hand, welche diese mit ihren Teams besprechen und über die sie abstimmen lassen können. Die Palette der Themen, die auf diesem Weg von den Mitarbeitern entschieden werden können, reicht von der Auswahl von Pflanzen, Möbeln und Farben über die Gestaltung teamspezifischer Bereiche bis hin zur Auswahl von Flächenmodulen an dafür geeigneten Stellen im Layout. Ob und inwiefern diese Einbindung sinnvoll und förderlich ist, ist unbedingt im Einzelfall zu entscheiden. ACHTUNG: Wenn die einzige Möglichkeit der Mitbestimmung darin liegt, dass Mitarbeiter noch eine Farbe auswählen können, kann dies schnell als Alibiaktion gewertet werden und dann kontraproduktiv auf die Akzeptanz wirken.
- sich eng mit den Führungskräften zu vernetzen. Veränderungsmanagement ist Führungsaufgabe und sollte nicht allein durch einen Change-Agent übernommen werden. Es hat sich bewährt, dass die Change-Agents aktiv auf ihre Führungskräfte zugehen und mit diesen zusammen z. B. Teammeetings durch-

führen. Die Führungskraft ist in diesem Rahmen für die Kommunikation verantwortlich, der Change-Agent steht der Führungskraft als Fachexperte zur Seite.

- Protagonisten der Idee zu stützen. Erfahrungsgemäss finden Neuerungen nicht nur Kritiker, sondern auch Befürworter. Diese sollten gezielt angesprochen, informiert und in die Lage versetzt werden, bei zu erwartenden Gesprächen in „Jammerzirkeln" und „Bedenkenträgerkreisen" neue Orientierungen offensiv zu vertreten.
- ausgewählte persönliche Bindungen zu erhalten. Grundgedanke: Vertrauensvolle Beziehungen zwischen Kollegen oder von Mitarbeitern zu Vorgesetzten helfen über Unsicherheiten hinweg. Wesentlich ist, dass durch die persönlichen Bindungen die Zukunftsorientierung nicht infrage gestellt wird. Diese Stütze ist insbesondere für angelernte Kräfte wertvoll, die erst im Laufe des Veränderungsprozesses eine anforderungsgerechte Qualifikation erhalten.

Man muss schon nach kürzester Zeit ein Aha-Erlebnis haben. Diese ersten Highlights und Erfolgserlebnisse (Quick Hits) müssen da sein und müssen auch durch die Change-Agents ausgeschlachtet werden. Kommunizieren über Erfolge (und Misserfolge) sowie informieren über getane und geplante Schritte ist sehr wichtig. Man muss die Erfolge im Unternehmen bekannt machen.

Bei der Auswahl der Change-Agents ist es wichtig, darauf zu achten, dass einerseits jedes Team von einem Change-Agent vertreten wird und andererseits Personen nominiert werden, die von ihren Fähigkeiten und ihrer Persönlichkeit in die Rolle passen.

Es ist von Vorteil, wenn das Change-Agent-Training ausserhalb stattfindet, damit man Zeit und Raum hat, um sich auf die neuen Ideen einzulassen. Idealerweise wird dieses Training mit dem Besuch eines vergleichbaren Beispielkonzeptes in einem anderen Unternehmen verbunden.
Neben der fachlichen Schulung ist es daneben ein wichtiges Ziel des Trainings, dass sich die Change-Agents untereinander vernetzen, damit sie sich im weiteren Prozess gegenseitig unterstützen können. Es ist aus diesem Bestreben heraus durchaus sinnvoll, auch teambildende Elemente in dieses Training aufzunehmen. Gemeinsame Abendveranstaltung und ausreichend Möglichkeiten, sich informell auszutauschen, sind sehr förderlich.

Im Anschluss an das Change-Agent-Training ist es wichtig, den kontinuierlichen Austausch mit den Change-Agents zu gewährleisten. Ein regelmässiges Gremium, in welchem die Change-Agents offene Fragen stellen und das Feedback der Kollegen zurückspiegeln können, stellt einen wesentlichen Beitrag für die Nachhaltigkeit der Change-Agent-Intervention dar. In diesen Meetings können die Change-Agents auch über Fortschritte und aktuelle Informationen im Projekt informiert werden.

Da die Change-Agents umfassend geschult und in der Regel Promotoren des Konzeptes sein sollten, bietet es sich an, die Change-Agents in das Projektteam zu integrieren und Teilaspekte des Konzeptes mit ihnen zu erarbeiten.

Auch weitere engagierte Mitarbeiter können **in die Projektteams integriert werden.** Die Einbindung der Mitarbeiter in entsprechende Projektgruppen ist die beste Möglichkeit, „Betroffene zu Beteiligten" zu machen. Hier kann jeder Einzelne seine Ideen einbringen, seine Bedenken äussern, sein Wissen zur Verfügung stellen oder auch seinen Bedarf an Qualifikationsmassnahmen äussern.

Der Mensch muss persönlich angesprochen werden, diesen notwendigen Wandel von der bisherigen Arbeitsweise hin zu anforderungsgerechten Arbeitsplätzen anzugehen.

Dafür haben sich Nutzerworkshops mit Teilnehmern (Führungskräfte und Mitarbeiter) aus den einzelnen Bereichen, Abteilungen, Gruppen bewährt. Hier werden mit den Teilnehmern die Anforderungen aus der Tätigkeit und den Büroprozessen (organisatorisch, räumlich, IT-technisch, ergonomisch etc.) definiert und mit den Vorstellungen und Wünschen abgeglichen. Ausserdem gilt es, in diesen Veranstaltungen zusätzlichen Handlungsbedarf aus Sicht der Mitarbeiter zu erkunden.

Erfahrung	Gedanken	**Muster**

Agenda Change-Agent-Briefing

Tag 1	
09:00 – 09:15	Begrüssung, Vorstellung, Ablauf der 2 Tage
09:15 – 09:30	Vorstellungsrunde
09:30 – 10:45	Vorstellung der Vision/Ziele aus den Führungskräfteinterviews Vorstellung der ersten Ideen zum Konzept (Fläche, IT, HR-Themen)
10:45 – 11:00	Kaffeepause
11:15 – 11:15	Die Rolle der Change-Agents im Prozess
11:15 – 12:00	Diskussion: Stärken/Schwächen/Chancen/Risiken des Konzeptes
12:00 – 14:00	Mittagspause
14:00 – 14:45	Referat: Grundlagen des Office-Changemanagements
14:45 – 15:30	Abfrage: Veränderungsbereitschaft Diskussion: Promotoren/Opponenten und Umgang mit diesen
15:30 – 16:00	Kaffeepause
16:00 – 17:30	Rollenspiel: Umgang mit schwierigen Persönlichkeiten im Veränderungsprozess
17:30 – 18:00	Abschluss und Blitzlicht

Tag 2

09:00 – 09:30   Rückblick auf den ersten Tag

09:30 – 12:00   World Coffee: Was möchten wir an Verhaltensweisen bewahren, was möchten wir verändern? Wie packen wir das an?

dazwischen Kaffepause

12:00 – 14:00   Mittagspause

14:00 – 15:00   Vorstellung der Ergebnisse aus dem World Coffee

15:00 – 16:00   Referat: Werkzeuge im Changemanagement

dazwischen Kaffepause

16:00 – 16:30   BACK HOME
Wie / mit wem / über was werden Sie die Kommunikation anpacken?

16:30 – 17:00   Abschluss und Feedback

Erfahrung   **Gedanken**   Muster

7. Schritt   Chancen-Risiken-Workshop

Workshop: Chancen – Risiken

Was wird durch die neue Bürokonzeption gefördert?
Welche Chancen/Vorteile sehen Sie?
Welche Herausforderungen/Risiken erwarten Sie?

Werden die Ziele der Konzeption durch die vorgesehene

- Büroorganisation
- IT,
- Ausstattung,
- Gestaltung,
- ...

... Ihrer Meinung nach unterstützt? Oder nicht?

Dabei ist es besonders wichtig, dass dieser Workshop – wie alle Workshops – nicht als Präsentationsworkshop, sondern als aktiver Nutzerworkshop durchgeführt wird.

Offene Kommunikation im Workshop hat die Aufgabe, ein verändertes Klima im Unternehmen zu schaffen, das nicht mehr von dem negativen Bild über Veränderungsprojekte geprägt ist. Offenes Angehen aller möglichen Themen, das Ansprechen persönlicher Interessen und die Hilfestellung bei der persönlichen Entscheidungsfindung fördern die geistige Flexibilität und die örtliche Mobilität für den Wandel.

Wichtig ist in dieser Phase, auf die inhaltlichen Ziele der Konzeption einzugehen und nicht die „Möblierung" zu diskutieren. Dabei hilft eine Befragung als Ausgangspunkt der Diskussion (Befragung im Workshop).

MUSTER Was finden Sie am Konzept der neuen Büroform besonders gut? Was sollte Ihrer Meinung nach verbessert werden?

Erfahrung	Gedanken	**Muster**

Checkliste

Was finden Sie am Konzept der neuen Büroform besonders gut?
Was sollte Ihrer Meinung nach verbessert werden?

in Bezug auf:

- Architektur, Design, Gesamtkonzept
  - äusseres Erscheinungsbild
  - tolle Aussicht
  - Image
  - Atmosphäre im Gebäude
  - Identifikation
- Raumkonzept
  - alles auf einer Etage
  - räumliche Nähe
  - kurze Wege
  - Zonenaufteilung
  - Arbeitsplatzdichte
  - Rückzugsmöglichkeiten
  - Pausenzonen
  - Besprechungsräume
- Infrastruktur
  - Zugang
  - Sicherheit
  - Türen
  - sanitäre Anlagen

- Essen und Trinken
- Aufzüge
- Jalousien
- Arbeitsmittel
  - Ablagen
  - Schreibtische
  - Kopierer/Drucker
  - IT/Telefonanlage
  - Stellwände
  - Caddy
- Umgebungsfaktoren
  - Raumklima
  - Akustik
  - Beleuchtung
- Sonstiges
- Auswirkungen des Konzepts auf
  - Führung
  - Organisation
  - Prozesse
  - Zusammenarbeit

Führungskräfte müssen dabei sowohl in ihrer persönlichen Situation als auch in ihrer Rolle als Führungskraft angesprochen werden. Nur wer selbst den Wandel erfolgreich bewältigt hat, kann andere zur Veränderung motivieren.

Was Hänschen nicht lernt, lernt Hans nimmermehr. Was Hänschen mal gelernt hat, verlernt Hans auch nimmermehr.
Auch das Verlernen (verlernen ist schwieriger als lernen) alter Verhaltensweisen ist notwendig; bisherige Arbeitstechniken müssen in der neuen Büroform eventuell geändert werden.

Beispiel

Wer gelernt hat, dass jede Korrespondenz eine Visitenkarte des Hauses abgibt und auf jeden Fall mit entsprechendem Briefpapier, Diktatzeichen, Betreff, Anrede, Einleitungssatz, Anliegen, Grussformel etc. zu versehen ist, muss dieses Diktum in seiner allumfassenden Gültigkeit verlernen und statt dessen z. B. die Priorisierung nach Adressaten in sein Verhaltensrepertoire aufnehmen. (Antwort an interne Adressaten mit handschriftlicher Notiz auf Original per Fax oder mit Bemerkung auf weitergeleiteter E-Mail statt offizieller Brief der Direktion an die Geschäftsstelle oder umgekehrt)

3.3 Lebe das Neue – Stabilisieren

Erfahrung	Gedanken	Muster

Erfahrungsbericht: Umzug von der beliebten Nische in den unbeliebten Grossraum – die Story des Umzugs eines Standortes,
Tanja Stutz und Björn Sigl, T-Systems Schweiz AG

*T-Systems Schweiz AG, eine Tochtergesellschaft der Deutschen Telekom, stand
vor dem Entscheid, entweder in Altes zu investieren oder Neues zu schaffen.*

*Die alten Büroräume befanden sich in einem von aussen gesehen repräsentati-
ven Bürogebäude und erstreckten sich über 2.200 m² auf einer Etage, aufgeteilt
in vier Trakte. Dass diese Fläche für ca. 130 Mitarbeitende mit einer Anwesen-*

Abbildung 12: Eingangsbereich

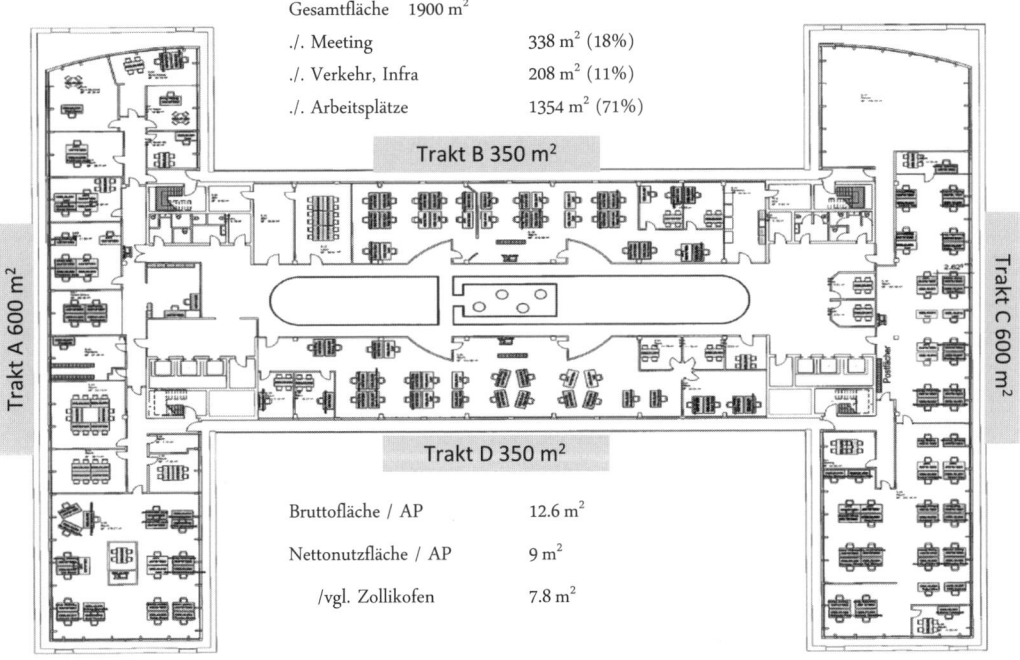

Gesamtfläche 1900 m²
./. Meeting 338 m² (18%)
./. Verkehr, Infra 208 m² (11%)
./. Arbeitsplätze 1354 m² (71%)

Trakt A 600 m²

Trakt B 350 m²

Trakt C 600 m²

Trakt D 350 m²

Bruttofläche / AP 12.6 m²
Nettonutzfläche / AP 9 m²
/vgl. Zollikofen 7.8 m²

Abbildung 13: Grundriss der alten Büroräume

heitsrate von rund 60 % sehr grosszügig war, liegt hier klar auf der Hand. Zudem waren die Räumlichkeiten in die Jahre gekommen und auch die Möblierung in Bezug auf Ergonomie liess zu wünschen übrig. Zwar hatten die Räume schon Grossraumbürocharakter, jedoch wurde dies nie so richtig gelebt. Jeder Mitarbeiter hatte noch gern seine Nische und private Utensilien türmten sich rund um die noch persönlich zugewiesenen Arbeitsplätze. So fand man fast in jeder „Nische" die Kaffeemaschine, den Kühlschrank, meterweise offen herumliegende Akten und am Eingang der Nische den Hinweis darauf, dass hier das Team X arbeitet (und niemand anderes ...). Nachteilig erwiesen sich auch die weiten Kommunikationswege zwischen den einzelnen Trakten. Mitarbeitende aus dem einen Trakt kannten kaum die aus den anderen Trakten. Auch für die Bewirtschaftungsabteilung bedeutete dies immer einen Mehraufwand. Think-Boxes gab es zwar, diese wurden jedoch eher als „psychologische Rückzugsmöglichkeit" gebaut – Anforderungen an Schalldichtigkeit oder Funktion gab es keine.

Es war klar, dass an diesem Standort etwas passieren musste. Hinzu kam, dass der Mietvertrag per Mitte 2011 auslief. Natürlich mussten ein paar Zielvorgaben eingehalten werden:

- Flächenoptimierung;
- Kosten senken;

1
Auftauen

- Umsetzung des T-One-Office-Concepts (analog Zollikofen), was Folgendes beinhaltet:
  - Desk-Sharing;
  - Open Space;
  - einheitliche, ergonomische Arbeitsplätze (Stehpulte);
  - einheitliche Möblierung;
  - Schaffen von Rückzugsmöglichkeiten;
  - zentraler Servicepoint;
  - Schaffen von attraktiven Arbeitplätzen;
  - gute Infrastruktur.

Aufgrund dieser Tatsachen wurden Lösungsvorschläge erarbeitet, die einerseits Umbau und Investitionen am alten Standort beinhalteten, andererseits jedoch auch Spielraum für Neues liessen. Nach eingehender Prüfung kam man zum Entschluss, dass es wesentlich schwieriger und kostspieliger sei, die Zielvorgaben am alten Standort umzusetzen, als einen neuen Standort zu beziehen.

Bei der Evaluation des neuen Standortes galten folgende Kriterien:

- Kosten;
- Zumieten von Mehrflächen möglich;
- Erreichbarkeit mit dem Auto, ÖV;
- Verpflegungsmöglichkeiten;
- Parkplätze;
- All-in-One (Mitarbeiter näher zusammen).

Natürlich sollte das neue Gebäude auch nach aussen wiederum repräsentativen Charakter haben. Und vor allem sollte das Gebäude „leben": Es gibt nichts Schlimmeres als grosse Bürokomplexe, in denen man das Gefühl hat, sie seien ausgestorben.

In kürzester Zeit wurden mehrere Standorte besichtigt, bewertet und gelayoutet und der Geschäftsleitung vorgestellt. Am besten wurde das ehemalige Swissair-Gebäude „Balsberg" bewertet. Es erhielt auf Anhieb die meisten Stimmen und faszinierte mit seiner Grösse, Komplexität, Lage, Infrastruktur und natürlich mit den Räumlichkeiten selbst. Es war das einzige Gebäude, welches den Sollwert von 1.500 m^2 in einem Raum bot. Der Entscheid wurde zudem bekräftigt, weil die Sheddächer einen direkten Lichteinfall in die rund 35 m tiefen Räume gewährleisten und der direkt angrenzenden Innenhof exklusiv von unseren Mitarbeitenden genutzt werden kann (somit war auch die Raucherproblematik gelöst). Weitere Gebäudedienstleistungen wie zentralen Empfang 7 x 24 h, Businesscenter, Inhouse-Restaurant, zentrale Postdienste, Kopierservice etc. konnte kein anderes Gebäude bieten.

Abbildung 14: Swissair-Gebäude „Balsberg"

Nach mehreren Vorstellungen in der GL mit jeweils überarbeiteten Business-Case-Zahlen erhielten wir dann Ende März endlich das „GO" für die Realisierung unseres neuen Projektes T-One Balsberg. Eigentlich schon zu spät, da wir wussten, dass wir per 15.7.2011 das alte Gebäude verlassen mussten und sich die neuen Räume noch im Rohbau befanden.

Nachdem wir im Vorfeld selbst diverse Layouts entworfen hatten, ging es nun um die Finalisierung – was uns nebst der terminlichen Situation vor einige Probleme stellte. Uns selbst schwebte eine offene Bürolandschaft vor mit nur wenigen Zellen.

Mit unserem Konzept der offenen Bürolandschaft stiessen wir auf wenig Gegenliebe. Zum ersten Mal wurde den Mitarbeitenden bewusst, dass das „Nischenleben" dem Ende zugeht – was mithilfe von vielen fantasiereichen Begründungen, warum dies nicht funktionieren wird, heftig an uns herangetragen wurde.

Zudem kamen noch die Anforderungen unserer Internationals, die Einzelzellen forderten, sowie unserer Salessparte, die einen eigenen Open-Space-Bereich benötigte. Weitere Anforderungen wie „Sitzgruppe im Büro unseres MD", Spezialmöbel für die Management-Assistants oder Videokonferenzanlage für das internationale Management erschwerten unsere Planungsarbeiten und reduzierten den anfangs positiven Business-Case. Zudem lief uns die Zeit davon.

Abbildung 15: Fotos von den Umbauarbeiten

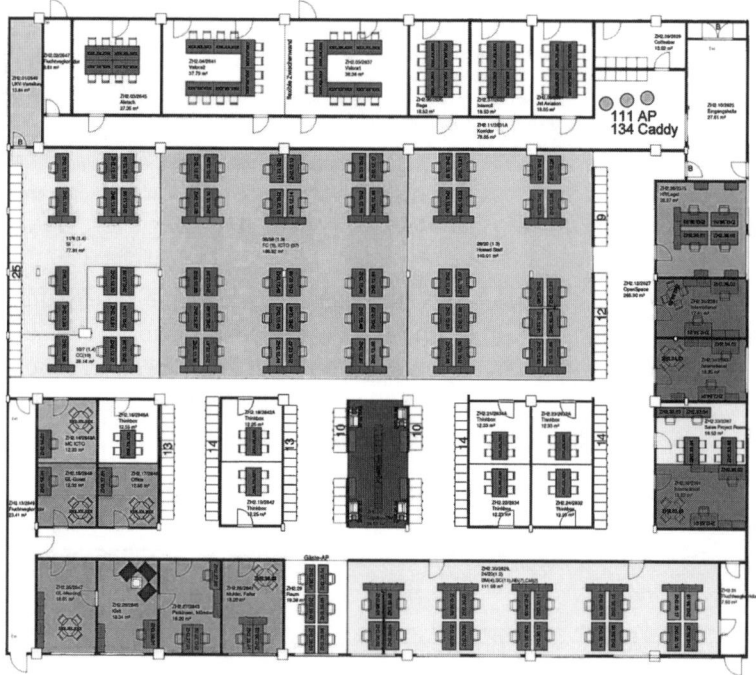

Abbildung 16: Grundriss neue Büroräume

Nach etlichen Runden in Steering Board und GL wurde dann ein Layout von allen Seiten bewilligt und wir konnten mit dem Ausbau der 1.500 m² Bürofläche (im Rohbau) beginnen.

In der sportlichen Zeit von zwei Monaten wurde alles fertiggestellt. Die Arbeitsgattungen konnten aufgrund des Zeitmangels nicht mehr ordentlich ausgeschrieben werden, was uns dazu zwang, diejenigen Handwerker zu nehmen, welche gerade Zeit für diesen Umbau hatten.

Balsberg

Abbildung 17: Impressionen der neuen Büroräume

Die Situation auf der Baustelle ähnelte zeitweise einem Ameisenhaufen – vorübergehend waren rund 50 Handwerker aktiv: Während der eine am Doppelboden arbeitete, verlegte der andere oberhalb seines Kopfes die Deckeninstallation, wobei der Gipser seine Wände stellte und der Glaser darauf wartete, dass er an die Gipswand anschliessen kann. Die Bauzeit erforderte ein starkes Baumanagement, welches praktisch nonstop auf der Baustelle war.

Mit einigen Ad-hoc-Improvisationsentscheiden konnte nun der Ausbau, praktisch auf den Tag genau, fertiggestellt werden. Am 22. Juli 2011, 23.30 Uhr, waren wir endlich fertig. Jedes Möbelstück war an seinem Platz, die letzten Schrauben angezogen, das Netz konfiguriert, die Kaffeemaschine angeschlossen usw.

Während des kurzen Wochenendes fragten wir uns immer wieder, ob wir wirklich nichts vergessen hatten, und waren froh, alles in der kurzen Zeit über die Bühne gebracht zu haben.

Der ganz grosse Moment stand uns jedoch noch bevor. Wie reagieren die Mitarbeiter auf den neuen Standort? Wie gehen sie mit der Grossraumthematik und dem Desk-Sharing um? Wie würden sie die Raumeinteilung, die Einrichtung, die Think-Boxes, die Meetingräume empfinden? Wie finden sie sich in dem grossen Bürokomplex von 72.000 m² überhaupt zurecht?

Natürlich haben wir in der Zwischenzeit die Erfahrungen aus dem Flexible-Office-Netzwerk genutzt und fleissig Lobbyarbeit und Kommunikation betrieben, Plattformen für Fragen zur Verfügung gestellt, regelmässige Baufortschritte kommuniziert usw.

Der Einzug am Montagmorgen verlief erstaunlicherweise sehr gut. Die Mitarbeiter waren so mit ihrem Einzug beschäftigt, dass grosse Kommentare ausblieben. Nach ein paar Wochen hatten wir dann einige Feedbacks zusammen. Grösstenteils kam der neue Standort gut an, jedoch werden immer wieder die gleichen Sachen bemängelt und kritisiert.

Viele Mitarbeiter haben mit dem Verlust des persönlichen Arbeitsplatzes Probleme sowie mit dem Arbeiten in der grossen Fläche. Die Mitarbeiter fühlen sich in Nischen geborgener. Zu beobachten ist auch, dass im Grossraumbüro wenig telefoniert und gesprochen wird, da sich die Mitarbeiter offensichtlich gehemmt fühlen. Obwohl es im Grossraum zeitweise mucksmäuschenstill ist, beklagen sich die Mitarbeitenden über den Lärm .... . Auch die Raumtemperatur, die zu trockene Luft, die Transparenz wurden und werden bemängelt. Ausdruck des Frustes? Oder letzter Hilferuf, das Konzept doch noch umzukrempeln?

Die Herausforderung ist, die Mitarbeitenden ernst zu nehmen und gleichzeitig sanft darauf hinzuweisen, dass nichts mehr verändert wird, dass die Temperatur in Ordnung ist, dass man mithilfe von Schallmessungen feststellen wird, dass der Grenzwert weit unter dem zumutbaren Werten liegt, ...

Dennoch gab es auch positive Feedbacks, über welche wir uns natürlich umso mehr freuten. Vor allem gelobt wurden die viel kürzeren Kommunikationswege, die ergonomischen Arbeitsplätze (Stehpulte) sowie die vielen Think-Boxes. Auch das einheitliche, ordentliche Gesamterscheinungsbild mit den farbigen Caddies sticht einem sofort positiv ins Auge. Dank der Steh-Coffeebar und dem Innenhof finden auch häufig ungeplante Gespräche statt und fördern das Kennenlernen untereinander.

Erfahrungsgemäss wird es rund ein Jahr dauern, bis sich die Mitarbeitenden an die neue Umgebung gewöhnen und lernen, die vielen positiven Aspekte zu nutzen.

3
Stabili-sieren

Die Umsetzung unseres T-One-Office-Concepts ist somit auch im Balsberg erfolgreich gelungen. Jetzt können unsere weiteren Standorte in Angriff genommen werden.

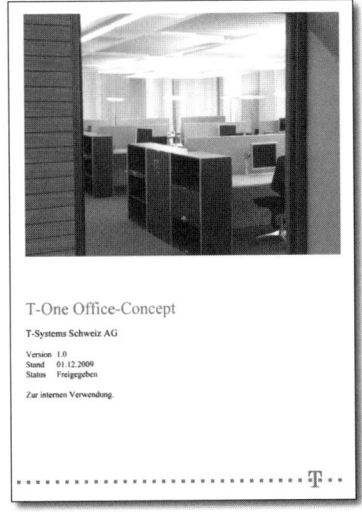

Abbildung 18: Broschüre T-One-Office-Concept

Fazit: Das „Nischendenken" in den Köpfen der Mitarbeitenden kann kaum mit rationalen Gründen beseitigt werden. Reklamationen wie Temperatur, Luft, Akustik, Licht etc. werden oftmals als Ventilfunktion genutzt, um dem eigenen Frustdenken zu entsprechen. Klare, unmissverständliche Informationen und Weisungen seitens Projektleitung und Geschäftsleitung helfen den Mitarbeitenden, sich auf die neue Situation einzustellen und das Neue rascher anzunehmen.

Erfahrung **Gedanken** Muster

Gegen Ende des Projekts werden in den Meetings die Spielregeln und Guidelines verabschiedet, die bereichs-, abteilungs-, standort- oder gebäudebezogen im Rahmen der Umsetzung vor Ort festzulegen sind.

Die Teilnehmer des Nutzerworkshops sollten gleichzeitig auch die Informationsträger (informelle Führer) ihrer Organisationseinheit sein – wenn nicht alle Mitarbeiter teilnehmen können – und die Abteilung/Gruppe gegenüber dem Projektteam vertreten.

Was ist zu tun?

8. Schritt **Layoutworkshops mit Führungskräften und Mitarbeitern**

Konkrete Festlegung von Einrichtung, Sharing-Quoten etc. Die Feinbelegungs-Workshops zielen auf konkrete Gestaltung und Layout der Flächen. Dazu werden die Workshopteilnehmer – wenn möglich, alle Mitarbeiter – spielerisch mit den Themen der Standardisierungen, aber auch mit den individuellen Möglichkeiten der Schaffung von Raumatmosphäre vertraut gemacht. Als Ergebnis wird ein gemeinsamer Layoutplan entwickelt.

Eventuelle Anmerkungen oder Anpassungsbedarf (z. B. bei den Quoten) werden dann kurzfristig an die Führung zurückgespiegelt.

9. Schritt **A) Workshop: Vorbereitung der Führungskräfte auf die neue Büroform**

Die Realisierungsphase bedingt einen stärkeren Einbezug der Führungskräfte, um das Commitment der Mitarbeitenden zum neuen Arbeitsumfeld zu schaffen und ihre Produktivität zu sichern. Moderne Arbeitswelten zwingen zu zielorientierter Führung und mehr Kommunikation.

Gezielter Einbezug der Führungskräfte führt zu:

- Abbau von Widerständen, die durch Informationsunsicherheit verursacht wurden;
- Commitment der Führungskräfte zu ihrem neuen Arbeitsort und Arbeitsplatz;
- Erstellen von Spielregeln und Guidelines für das „neue Büro".

Dazu wird insbesondere auf die Rolle der Führungskräfte in einem solchen Veränderungsprozess eingegangen. Die Hintergründe aller Aspekte des Konzeptes werden vermittelt und die Herausforderungen der Umstellung besprochen. Die Veränderungen der Führungsstruktur, die durch die veränderten Bürostrukturen hervorgerufen werden, und die Vorteile in Form von Entlastungen des Führungsalltags werden aufgezeigt.

Beispiele: Rituale verändern

Weg von ...

- Der Chef sitzt am Tischende
- Kommunikation zu anderen Abteilungen nur mit Chef-Plazet oder nur über die Chef-Achse
- Beschränkung des Internetzugangs
- „Machen Sie ...!"
- Anschnauzen
- Drohungen, Einschüchterung
- Abzeichnen von Schriftstücken
- „Was ist denn da los?"–Kette
- Bewusste Fehlinformation nach oben (um Ruhe zu haben)
- Führungskraft ist für Mitarbeiter selten erreichbar
- Voicebox ist von der Sekretärin besprochen
- Kommunikation mit MA beschränkt sich auf Defizite, nicht auf Erfolge

Hin zu ...

- Mitarbeiterversammlungen, Fridayforen
- Kamingespräche
- Vorstands-Chat
- keine Sitzordnung
- „Was schlagen Sie vor?"; „Welche Alternative gibt es?"
- Workshops hierarchieübergreifend besetzt
- Orientierungsworkshops (gemeinsame Visionen, Überzeugungen)
- Open door Policy
- Management by wandering around
- Führungskräfte geben Trainings
- Übergeordnete Führungskraft kommt zu Projektgruppen, um sich zu informieren und bei Erfolgen zu gratulieren
- Führungskräfte-Vorstellung im Aufzug
- Führungskräfte sprechen über private Interessen

Herausarbeiten der Befürchtungen und Identifikation möglicher Lösungswege. Gezielte Vorbereitung auf den Umzug und die Rolle der Führungskräfte vor, während und nach dem Umzug.

Erfahrung	Gedanken	**Muster**

Vorbereitung der Führungskräfte auf die neue Büroform – Agenda

---

Tag 1

09:00 – 09:15   Begrüssung, Vorstellung, Ablauf der 2 Tage

09:15 – 09:45   Abfrage: Was finden Sie am Konzept besonders gut?
                           Was sollte Ihrer Meinung nach verbessert werden?

09:45 – 10:15   Auswertung der Abfrage

10:15 – 10:45   Kaffeepause

10:45 – 12:00   Referat: Führen in Zeiten des Wandels

12:00 – 14:00   Mittagspause

14:00 – 14:45   Diskussion: Herausforderungen an Führungskräfte
                Rolle, Verhalten, Instrumente, Systeme

14:45 – 15:30   Referat: Wie können Innovation und Kommunikation in der neuen Büroform
                gefördert werden?

15:30 – 16:00   Kaffeepause

16:00 –   Diskussion: Herausforderungen an Führungskräfte in Bezug auf die
                Innovationsförderung und die Kommunikation

Tag 2

09:00 – 09:30   Rückblick auf den ersten Tag

09:30 – 12:00   Herausforderungen im Führungsalltag durch die neue Büroform
                - Überwinden eigener Gewohnheiten
                - Wie wollen Sie das Neue in Ihr Verhalten einbauen
                - Entscheidungsverhalten, Entscheidungsspielräume
                - Widerstand der Mitarbeiter
                - Telefonieren (Akustik)
                - Clean desk, Sicherheit
                - Pflanzen, eigene Gestaltung, Radio hören
                - Kinder, Hunde

dazwischen KAFFEPAUSE

12:00 – 14:00   Mittagspause

14:00 – 16:00   Regeln erarbeiten, Guidelines erstellen für den Führungsalltag
                Eigenes Vorbildverhalten finden

dazwischen KAFFEPAUSE

16:00 –   BACK HOME
                Was werden Sie morgen anpacken, ändern, fordern …

| Erfahrung | **Gedanken** | Muster |

9. Schritt   **B) Workshop: Begleitung der Mitarbeiter in die neuen Büroformen**

Findet (zeitnah) danach statt.

Die Teilnehmer sollen die neuen Situationen des Bürokonzeptes so modellieren, dass sie diese positiv empfinden und gleichzeitig Ideen entwickeln, wie sie dies konkret in ihrem Arbeitsalltag verankern können.

- Wie können wir das Neue auf „unsere Einstellung" überspringen lassen?
- Abbau von Unsicherheit bezüglich der neuen Arbeitswelt
- Erwartungen (Förderung der Teamarbeit etc.) und Befürchtungen (Änderung der persönlichen Arbeitsorganisation etc.) an das neue Arbeitsumfeld
- Grundhaltung erzeugen, dass es gut ist, Pionier auf dem Gebiet „moderne Arbeitsformen" zu sein und Chancen für eine bessere Kommunikation zu haben
- Was müssen wir an unserem derzeitigen Verhalten nach dem Umzug verändern?
- Erstellen von Spielregeln und Guidelines für das „neue Büro"

In den einzelnen Workshops mit Führungskräften und Mitarbeitern – die zeitnah hintereinander ablaufen sollten – sollte eine Befragung stattfinden, die als gemeinsame Basis der Diskussion dient, aber auch als Erfahrungssicherung genutzt werden kann (siehe MUSTER Fragebogen „Was erwarten Sie? Wird durch die neue Büroform ... gestärkt?"). In kleinen Projekten, in denen intensiv mit den Führungskräften und Change-Agents zusammengearbeitet wurde, können diese Workshops auch selbstgesteuert von diesen durchgeführt werden.

Warum Spielregeln und Guidelines?

- Das Arbeiten in neuen, insbesondere offenen Strukturen erfordert Rücksichtnahme und Abstimmung.
- Gegenseitig akzeptierte Spielregeln können die Basis für ein möglichst effizientes und konfliktfreies Zusammenarbeiten sein.
- In jedem Team / in jeder Abteilung bestehen jetzt schon (informelle) Regeln.
- In der Auseinandersetzung mit den Regeln entsteht eine Vision darüber, wie das Leben im neuen Büro aussehen kann.
- Die Mitarbeiter werden konkret miteinbezogen.
- Die Mitarbeiter sind für die künftige Herausforderung „Arbeiten in neuen Strukturen" gut vorbereitet.
- Viele „alte Regeln" gelten auch in neuen Büros. Dies gibt auch Stabilität im Wandel!

Ergänzt werden diese Veranstaltungen durch kontinuierliche bilaterale Gespräche des Projektteams mit Fachkräften, Betriebsrat und Personalabteilung.

| Erfahrung | Gedanken | **Muster** |

Begleitung der Mitarbeiter in die neuen Büroformen – Agenda

Tag 1

09:00 – 09:15 Begrüssung, Vorstellung, Ablauf der 2 Tage

09:15 – 09:45 Besichtigung der Musteretage und Erläuterung des Konzepts

09:45 – 10:15 Abfrage: Was finden Sie am Konzept besonders gut?
Was sollte Ihrer Meinung nach verbessert werden?

10:15 – 10:45 Kaffeepause

10:45 – 12:00 Auswertung der Abfrage

12:00 – 14:00 Mittagspause

14:00 – 14:45 Abfrage: Erwartungen und Befürchtungen in der neuen Büroform

14:45 – 15:30 Referat: Was muss gegeben sein, damit Sie sich im Büro wohlfühlen?

15:30 – 16:00 Kaffeepause

16:00 – Auswertung der Abfrage

Tag 2

09:00 – 09:30 Rückblick auf den ersten Tag

09:30 – 10:00 Referat: Wie können Innovation, Kommunikation und Zusammenarbeit in der neuen Büroform gefördert werden?

10:00 – 12:00 Was muss gegeben sein, damit wir uns im Büro wohlfühlen, in Bezug auf
- Entscheidungen,
- Feedback (Rückmeldungen),
- Telefonieren (Akustik),
- Clean desk, Sicherheit,
- Pflanzen, eigene Gestaltung, Radio hören,
- Kinder, Hunde,
- ...

dazwischen Kaffepause

12:00 – 14:00 Mittagspause

14:00 – 16:00 Diskussion und Ergänzung der von den Führungskräften erstellten Regeln

dazwischen Kaffepause

16:00 – BACK HOME Was werden Sie morgen anpacken, ändern, fordern ...

Fragebogen   „Was erwarten Sie? Wird durch die neue Büroform die/das ... gefördert?"

1. Ausmass des gegenseitigen Vertrauens

1	2	3	4	5	6	7

gar nicht   sehr stark

2. Qualität der Gespräche

1	2	3	4	5	6	7

gar nicht   sehr stark

3. Ausmass der gegenseitigen Unterstützung

1	2	3	4	5	6	7

gar nicht   sehr stark

4. Klarheit der Gruppenziele

1	2	3	4	5	6	7

gar nicht   sehr stark

5. Reaktion auf Konflikte innerhalb der Gruppe

1	2	3	4	5	6	7

gar nicht   sehr stark

6. Nutzung der Fähigkeiten der Gruppenangehörigen

1	2	3	4	5	6	7

gar nicht   sehr stark

7. Art der Kontrolle

1	2	3	4	5	6	7

gar nicht   sehr stark

8. Arbeitsatmosphäre

1	2	3	4	5	6	7

gar nicht   sehr stark

9. Neuerungsfreudigkeit

1	2	3	4	5	6	7

gar nicht   sehr stark

10. sich Wohlfühlen

1	2	3	4	5	6	7

gar nicht   sehr stark

3.4 Überschreite Grenzen – Flexibilität erhalten

| **Erfahrung** | Gedanken | Muster |

Erfahrungsbericht: Das prozessorientierte Büro,
Hans Kurzknabe, Hettich Marketing- und Vertriebs GmbH & Co. KG

Hettich entwickelt, fertigt und vertreibt „Technik für Möbel". Die Marke Hettich steht für eine starke Partnerschaft mit der Möbel- und Weisse-Ware-Industrie, dem Fachhandel und dem Handwerk sowie der Do-It-Yourself-Branche.

Die klassische Trennung zwischen Technik (Entwicklung und Produktbereitstellung) und Vertrieb hatte bei Hettich eine lange Tradition. Das Unternehmen wurde durch gute Technik vorangetrieben und dominiert. Beschlaglösungen für Büromöbel erfordern Spezialwissen und oftmals kundenindividuelle Lösungen, die sehr komplex sind. Transparente Prozesse sind in diesem Fall ein entscheidender Vorteil. Daher ergab sich bei Hettich vor ca. zehn Jahren eine neue Zielsetzung, die von Peter Kuppen, Geschäftsführer der Division Office, und Eckhard Meier, Geschäftsführer der Paul Hettich GmbH & Co. KG, unter dem Namen „prozessorientiertes Büro" ins Leben gerufen wurde: Die unterschiedlichen Aufgabenbereiche sollten nicht mehr künstlich isoliert als Arbeitsfelder von bestimmten Bereichen verstanden werden, sondern als Prozesse interagieren.

Während in vielen Unternehmen interne und externe Probleme als Beweggründe für ein Changemanagement bzw. eine Neugestaltung des Büros genannt werden, stand bei Hettich die strategische Ausrichtung auf die wesentlichen Prozesse „Projektentwicklung – Fertigung – Vertrieb" im Vordergrund der Umstrukturierung.

Grundlegend war die Idee, eine erhöhte Transparenz und damit die Basis für kurze Entscheidungswege zu schaffen sowie Abstimmungen zwischen den einzelnen Bereichen zu beschleunigen und zu vereinfachen. Der Neubau des Forschungs- und Entwicklungsgebäudes bot ideale Voraussetzungen und verband von nun an Vertrieb/Marketing, Entwicklung, Grundlagenforschung, Prototyping, Projektierung und Musterbau unter einem Dach.

Erstmals in der Unternehmensgeschichte entstand durch den Bau eines Grossraumbüros für die Division Office ein Büro, das sich konsequent am Prozess „Projektentwicklung – Fertigung – Vertrieb" orientiert. Damit konnten kurze Kommunikationswege, flache Organisationsstrukturen, Offenheit und ein interdisziplinärer Informationsaustausch geschaffen werden. Gestaltet wurde das Büro in einer offenen Raumstruktur, wobei Möbel, Raumkonzept, Farben und Materialien nach den Vorstellungen der Mitarbeiterinnen und Mitarbeiter umgesetzt wurden.

Der neu geschaffene Kreislauf zwischen Vertrieb, Marketing und Entwicklung ist kunden- und marktorientiert. Die räumliche Nähe erzeugt zudem gegenseitiges Verständnis, Flexibilität und eine schnelle Entscheidungsfindung. Dadurch wird das benötigte Spezialistenwissen weitergegeben. Die Entwicklerinnen und Entwickler erfahren auf direktem Wege von aktuellen Markttrends und können ebenfalls zielgerichtet und vor allem kundenorientiert arbeiten. Eine Besonderheit ist ebenfalls die Integration der Führungskräfte in das Team. Führungskräfte und Mitarbeiter arbeiten erstmals in einem Büro zusammen.

Einige Mitarbeiter befürchteten Unruhe und einen zu hohen Geräuschpegel im Grossraumbüro. Auch eine ständige Überwachung durch die Führungskräfte wurde erwartet.

Die Vorurteile konnten schnell beseitigt werden und die Mitarbeiter wuchsen zu einem Team zusammen, das die Vorzüge des prozessorientierten Büros zu schätzen weiss. Der permanente Informationsaustausch untereinander hat ebenfalls dazu beigetragen, dass die Mitarbeiter der einzelnen Bereiche die Arbeitsschritte anderer Bereiche besser nachvollziehen können. Ausserdem ist das gegenseitige Verständnis für die Belange des anderen gestiegen. Ohne die permanente Weiterentwicklung und enge Abstimmung zwischen Technik und Vertrieb wäre eine Marktführerschaft im Bürobereich nicht möglich.

Nach der erfolgreichen Umsetzung des prozessorientierten Büros in der Division Office fand im Jahr 2007 eine Weiterführung des Projekts im Bereich Weisse Ware statt. Für das Familienunternehmen Hettich gilt das geschaffene Konzept als Meilenstein für das neue Wir-Gefühl und dient als Vorbild für alle kundenorientierten Bereiche bei Hettich.

| Erfahrung | **Gedanken** | Muster |

Die Veränderung endet nicht mit dem Umzug. Viele Veränderungen werden nach dem Einzug erst so richtig greifbar. Oft kommen hier noch einmal neue Fragen auf, es ergeben sich Anpassungsbedarfe am Konzept oder an den Spielregeln. Es ist wichtig, dass dieser Prozess von den Führungskräften und den Change-Agents weiter begleitet wird. Sie fungieren als Vorbild für die Einhaltung neuer Arbeitsweisen und Spielregeln, aber auch als Vertrauensstelle, an welche sich die Mitarbeiter bei Fragen und Problemen wenden können. Auch das Einweisen neuer Mitarbeiter oder neu hinzugezogener Mitarbeiter in die neuen Arbeitsweisen und das neue Konzept stellt eine laufende Aufgabe dar. Eine enge Zusammenarbeit und ein fundiertes Briefing der Führungskräfte und Change-Agents im Laufe des Changeprozesses sowie eine Vorbereitung für die Rolle nach dem Einzug zahlen sich aus und sorgen für Nachhaltigkeit der Veränderung.

Ein Wandel / eine Veränderung in der Arbeitswelt ist nichts Einmaliges, womit man die nächsten zehn Jahre gut lebt. Es ist ein kontinuierlicher Prozess, der das Unternehmen mehr oder weniger begleitet. Veränderungen in der IT, gesellschaftliche Umwälzungen, Wertewandel und Marktgeschehen zwingen zur ständigen Anpassung. Um erfolgeich zu sein, braucht es:

- stabile Werte, die als Orientierungspunkte erhalten bleiben;
- Klarheit schaffen zwischen Dingen, die sich auf jeden Fall verändern müssen, und Dingen, die bestehen bleiben;
- Managementfor;entscheidungen konsequent umsetzen;
- Erstarrung des Systems verhindern, Bereitschaft zur kritischen Überprüfung erhalten.

Dazu dient die Nachher-Erhebung, um sowohl Erfahrungssicherung aus dem Projekt zu betreiben als auch weitere Verbesserungen festzuhalten und damit Flexibilität zu erreichen.

Was ist zu tun?

10. Schritt Erfahrungssicherung betreiben – Flexibilität erhalten

Hat am Anfang des Projekts – das Konzept steht schon – eine Befragung über die Erwartungen stattgefunden, wendet man den gleichen Fragebogen jetzt wieder an. Wenn nicht, dann muss jetzt eine Befragung über „Was hatten Sie erwartet und was ist eingetreten?" stattfinden.

Da die Daten einer Umfrage immer validiert werden sollten und fast immer erklärungsbedürftig sind, ist es wichtig, die Ergebnisse der Umfrage in Workshops oder Interviews mit den Führungskräften, Change-Agents oder einfach Nutzervertretern aus den Reihen der Mitarbeiter zu diskutieren. Diese Workshops/Interviews bieten darüber hinaus den Raum, um über weniger quantifizierbare Themen zu sprechen. Man erfährt in diesen Runden viel zwischen den Zeilen und kann über die weichen Faktoren der Veränderung sprechen.

Erfahrung	Gedanken	**Muster**

Nachher-Fragebogen Evaluation (Auszug)

Wenn vorher nicht befragt wurde.	Nur dieser Teil, wenn vorher gefragt wurde.

Erwartungen *Wie waren Ihre Erwartungen an die Auswirkungen des neuen Konzepts? Wird/werden sich Ihrer Meinung nach ...*	verschlechtern	nicht verändern	verbessern	**Was ist Ihrer Meinung nach eingetreten?** hat sich verschlechtert	weder noch	hat sich verbessert
das Betriebsklima	O	O	O	O	O	O
die Kontaktmöglichkeiten zwischen Vorgesetzten und Mitarbeitern	O	O	O	O	O	O
die innerbetriebliche Transparenz	O	O	O	O	O	O
die Privatsphäre	O	O	O	O	O	O
die Motivation	O	O	O	O	O	O
der Informationsfluss in der Abteilung	O	O	O	O	O	O
die Belastung am Arbeitsplatz	O	O	O	O	O	O
die gegenseitige Unterstützung	O	O	O	O	O	O
der Spass an der Arbeit	O	O	O	O	O	O
die Entspannungs-/ Ruhemöglichkeiten	O	O	O	O	O	O

4

Wann ist Office-Changemanagement erfolgreich?

Um die Erfolgsfaktoren im Changemanagement zu verstehen, sollen im Folgenden einige der wichtigsten psychologischen Faktoren in einem Veränderungsprozess erläutert werden.

Dem Menschen wohnt das Streben nach **Kontrolle** über Geschehnisse und Veränderungen inne. Nach Fischer und Stephan ist das Kontrollstreben bei ökologischen Übergängen, wie z. B. ein Wohnortwechsel oder der Umzug an einen neuen Arbeitsplatz, besonders hoch (vgl. Fischer & Stephan 1984).

Als Kontrolle im Prozess kann es verstanden werden, wenn Ereignisse vorhersagbar, erklärbar oder beeinflussbar sind. Es ist daher entscheidend, beteiligte Mitarbeiter früh mit Informationen über Ziele und Vorgehensweisen zu versorgen, sodass der Veränderungsprozess vorhersagbar und erklärbar wird. Den Menschen muss klar sein, welches die Gründe und die Ziele der Veränderung sind und wer Nutzniesser der Veränderung ist. Sie müssen den Sinn und die Attraktivität für sich selbst begreifen, sonst sind Angst und Abwehr natürliche Reaktionen. Ist der Sinnzusammenhang für einen Menschen bedroht, entwickelt er Widerstand (vgl. Doppler & Lauterburg 2008, S. 102).

Der Projektkommunikation kommt entsprechend eine Schlüsselaufgabe zu. Die Aufgabe des Changemanagers ist es, durch gute Moderation Diskussions- und Meinungsbildungsprozesse zu steuern und bei auftretenden Konflikten die Waage zwischen reiner Versachlichung und überzogener Emotionalisierung zu halten (vgl. Doppler & Lauterburg 2008, S. 99).

Auch ein sensibler Umgang mit den Ängsten des Mitarbeiters ist im Veränderungsprozess von Bedeutung. „Wenn der Mensch gar keine Angst hat, wird er bequem. Er bewegt sich nicht mehr und verfettet. Wenn der Mensch zu viel Angst hat, wird er gelähmt und bewegt sich auch nicht mehr" (Kotter 2008, S. 20). Es gilt also, einen Weg zu finden, auf dem offen über Gefahren und Risiken gesprochen wird, um die Dringlichkeit der Veränderung bewusst zu machen und dadurch Veränderungsenergien freizusetzen, ohne das Gesamtsystem zu paralysieren (vgl. Kotter 2008, S. 20 ff.). Die Balance zu halten, erfordert vom Management ein hohes psychologisches Einfühlungsvermögen.

Als Kontrolle wird auch die Freiheit, zwischen Alternativen wählen zu können, erlebt (vgl. Dickenberger 2006, S. 100). Die Elimination dieser Freiheit führt dazu, dass dem Freiheitseinengenden mit Konfrontation, Widerstand oder sogar Aggression begegnet wird.

Ein Konstrukt, welches mit dem Kontrollstreben eng zusammenhängt, ist die Theorie der **Fairness und Gerechtigkeit**. Ein Problem bei Veränderungsprozessen ist, dass oft viele Beteiligte mit verschiedenen Zielen betroffen sind, sodass die Ergebnisse der Veränderung nicht für alle Betroffenen gleichermassen positiv ausfallen können. Forschungsarbeiten zum Konstrukt Gerechtigkeit haben gezeigt, dass die Reaktionen der Benachteiligten weniger negativ ausfallen, wenn der Prozess dorthin als fair empfunden wurde (vgl. Klendauer, Streicher, Jonas & Frey 2006, S. 187 f.). Im Veränderungsprozess sind drei Arten von Gerechtigkeit zu beachten:

- Prozedurale Gerechtigkeit, welche die empfundene Fairness im Entscheidungsprozess betrifft. Aufgrund eines fairen Entscheidungsprozesses sind Personen sogar bereit, für sie nachteilige oder unerwünschte Ergebnisse zu erzielen. Hierbei haben sich folgende Kriterien als relevant erwiesen:

Stimme („voice")	Die Betroffenen haben die Möglichkeit, ihren Standpunkt und ihre Argumente den Entscheidungsträgern zu präsentieren.
Regel der Konsistenz	Entscheidungsprozesse sind konsistent in Bezug auf verschiedene Personen und über die Zeit hinweg.
Regel der Unvoreingenommenheit (Neutralität)	Die Entscheidung wird nicht durch persönliches Selbstinteresse oder Voreingenommenheit der Entscheidungsträger beeinflusst.
Regel der Akkuratesse	Akkurate, d. h. korrekte und genaue Informationen werden gesammelt und bei der Entscheidungsfindung angemessen berücksichtigt.
Regel der Korrigierbarkeit	Es ist die Möglichkeit gegeben, Entscheidungen ändern zu können (etwa in Form von Beschwerdeverfahren).
Regel der Repräsentativität	Bedürfnisse und Meinungen aller betroffenen Parteien werden berücksichtigt.
Regel der Ethik	Der Entscheidungsprozess ist kompatibel mit persönlichen Wertvorstellungen der Betroffenen bzw. mit fundamentalen moralischen und ethischen Werten.

Abbildung 19: Kriterien fairer Prozesse (Quelle: Klendauer, Streicher, Jonas & Frey 2006, S. 189)

- Interpersonale Gerechtigkeit, welche die zwischenmenschliche Seite von Prozessen bezeichnet, bei der es darauf ankommt, wie die Entscheidungsträger sich gegenüber den Betroffenen verhalten. Als gerecht wird von den Betroffenen ein respektvolles, korrektes und höfliches Verhalten empfunden sowie die konkrete und transparente Anwendung von formalen Entscheidungsregeln durch den Entscheidungsträger (vgl. Klendauer, Streicher, Jonas & Frey 2006, S. 190).

- „Informationale Gerechtigkeit wird erreicht, wenn Informationen und Entscheidungsgründe rechtzeitig, glaubwürdig, nachvollziehbar und ausführlich erklärt werden" (vgl. Klendauer, Streicher, Jonas & Frey 2006, S. 190).

Besteht seitens der Mitarbeiter **Vertrauen** in das Unternehmen, ist der Wunsch nach Kontrolle geringer bzw. die Toleranz gegenüber Top-down-Entscheidungen, bei denen man nicht beteiligt wurde, höher. Vertrauen kann jedoch nur im Laufe einer Beziehung graduell aufgebaut werden. Es hängt gemäss einer Studie von Dirks und Ferrin (2002) zum einen vom spezifischen Vertrauen in die Führungskraft ab, welches eng mit der wahrgenommenen Unterstützung sowie der oben erläuterten prozeduralen Fairness zusammenhängt. Zum anderen ist das Organisationsvertrauen relevant, welches z. B. durch Regeln der Informationsweitergabe oder Partizipation bei der Entscheidungsfindung determiniert wird und damit eng mit der Unternehmenskultur zusammenhängt (vgl. Oswald 2006, S. 713).

Da die letzten Jahre von starken Veränderungen durch Technologisierung und Globalisierung geprägt sind, bekommt das Phänomen **Changezynismus** Bedeutung. Dieser stellt sich ein, wenn Veränderungsvorhaben in der Vergangenheit als misslungen oder gescheitert empfunden wurden.

Changezynismus äussert sich darin, dass die betroffenen Mitarbeiter die Changeverantwortlichen von vornherein als wenig kompetent beurteilen, nicht an eine erfolgreiche Veränderung glauben und diese sogar ins Lächerliche ziehen. Er kann darüber hinaus sogar negativen Einfluss auf Engagement, Zufriedenheit und Motivation der Mitarbeiter haben (vgl. Reichers, Wanous & Austin 1997, S. 49). Erlebte Verfahrensgerechtigkeit, faire Kommunikation und Vertrauen in das Management (siehe oben) können dem Changezynismus entgegenwirken oder dessen Entstehen verhindern.

Eine Studie von Reichers, Wanous und Austin, bei der 120 Führungskräfte und Mitarbeiter zum Thema Changezynismus befragt wurden, hat Folgendes ergeben: „People more likely to be cynical about change were those who reported that they lacked meaningful opportunities to participate in decision making, felt uninformed in general about what was going on in the work place, and had supervisors and union representatives they felt were lax about communicating with them, and about getting back to them with answers to questions" (Reichers, Wanous, Austin 1997, S. 52).

Leitet man davon eine Handlungsanweisung für Führungskräfte ab, so müssen diese ehrlich und transparent kommunizieren, die Notwendigkeit und den Sinn von Veränderungsprozessen darstellen sowie Unterstützung anbieten. Dies kann durch ein strukturiertes Changemanagement unterstützt werden, in welchem ein Kommunikationskonzept umgesetzt wird und die Führungskräfte im Hinblick auf ihr Kommunikationsverhalten und mögliche Reaktionen ihrer Mitarbeiter trainiert werden. Ebenso wichtig ist es aber, den Mitarbeitern die Möglichkeit zu geben, sich zu beteiligen oder mit zu entscheiden. Wurden in der Vergangenheit Fehler gemacht, kann es darüber hinaus notwendig sein, diese zuzugeben und sich ggf. sogar zu entschuldigen, um die eigene Glaubwürdigkeit wiederherzustellen. Nur dann kann ein Vertrauensverhältnis als Basis für einen erfolgreichen Changeprozess wiederhergestellt werden (vgl. Reichers, Wanous, Austin 1997, S. 56).

Wie eingangs erläutert, spielt das Arbeitsumfeld und als Teil davon das Büroraumkonzept im Bedeutungsraum vieler Menschen eine wichtige Rolle, da an diesen viele emotionale Befindlichkeiten geknüpft sind. Welches sind also die konkreten Erfolgsfaktoren in einem Office-Changemanagement-Projekt?

Die Frage nach den Erfolgsfaktoren im Office-Changemanagement ist sicher projektspezifisch und kann bis in diffizile Detailtiefen betrachtet werden.
Aus unserer Erfahrung möchten wir die Aufmerksamkeit auf folgende sechs Faktoren lenken, deren Beachtung aus unserer Sicht einen massgeblichen Einfluss auf Erfolg oder Misserfolg eines Office-Changeprozesses haben kann:

---

1. Eine starke Vision und konkrete Ziele

2. Verstehen der Ausgangssituation

3. Die richtigen Ressourcen im Veränderungsprozess

4. Beachtung von Wiederstand auf allen Ebenen

5. Die Rolle der Führungskraft

6. Den Erfolg messen

4.1 Eine starke Vision und konkrete Ziele definieren

Erfahrung	Gedanken	Muster

Erfahrungsbericht: Auftraggeber-Zielvereinbarung zwischen Geschäftsleitung und Projektleitung vereinbart,
Rainer Triebwasser, Sparkasse Holstein

Die Sparkasse Holstein ist ein Universalkreditinstitut in Schleswig-Holstein. Ihr Geschäftsgebiet erstreckt sich von Hamburg bis Fehmarn. Die Sparkasse Holstein unterhält insgesamt 70 Geschäftsstellen, von denen die Hälfte personenbesetzt ist; die andere Hälfte sind reine SB-Standorte. Mit ihren über 1.100 Mitarbeitern betreut sie über 280.000 Kunden. Ihre Bilanzsumme beträgt 5,3 Mrd. €. Das Immobilienportfolio umfasste ursprünglich über 100 eigene Immobilien mit ver- mietbarer Fläche von ca. 90.000 m². Mit Einführung eines aktiven Portfolio- managements der eigenen Immobilien wurden die Betriebsnotwendigkeiten der einzelnen Standorte überprüft. Dabei wurden nicht betrieblich notwendige Flä- chen umgenutzt. Hierbei wurde zugrunde gelegt, dass auch nach Abschluss der Massnahme weiterhin gute und produktive Arbeitsbedingungen vorherrschen müssen. Schliesslich sollten am Ende der Massnahme noch immer die Gebäude den Menschen dienen und nicht umgekehrt. Aus diesen Massnahmen resultiert eine weitere Stärkung der Ergebnissituation und damit ein wichtiger Beitrag zur wirtschaftlichen Zukunftssicherung der Sparkasse.

Die zentralen Stabs- und Marktfolgebereiche waren ursprünglich auf zwei Haupt- stellen verteilt, an deren jeweiligen Standorten es bis zu fünf Dependancen mit weiteren Stabs-/Marktfolgemitarbeitern gab. Im Rahmen einer Flächenoptimie- rung wollte die Sparkasse Holstein diese Dependancen auflösen und in die je- weiligen Hauptstellen integrieren. Durch die Verringerung der Zentralstandorte sollen die kommunikativen Beziehungen verbessert und gleichzeitig durch Abver- kauf nicht mehr benötigter Standorte die Optimierung der laufenden Kostensitu- ation ermöglicht werden. Eine vollständige Zusammenlegung der beiden Haupt- stellenstandorte ist aufgrund der regionalen und faktischen Gegebenheiten nicht sinnvoll. Die Hauptstelle in Eutin umfasst einschliesslich der Kundenhalle und der Veranstaltungsräume eine Gesamtfläche von rund 9.300 m², die zu Beginn der Massnahme von 244 Mitarbeitern genutzt wurde. Die zu über- planende Teilfläche beträgt 2.582 m². Hier arbeiteten bislang 174 Mitarbeiter. Im Zuge der Flächenoptimierung sollten weitere 70 Mitarbeiter untergebracht werden. Von dieser Planung waren elf Bereiche sowie der Personalrat unmittel- bar betroffen. Bereits Ende 2010 hat eine indikative Betrachtung stattgefunden. Diese zeigte, dass grundsätzlich das Potenzial für eine entsprechende Flächen- verdichtung vorhanden ist.

Der verantwortliche Fachbereich hatte schon gute Erfahrungen damit gesammelt, nicht zu früh in Detaildiskussionen hineinzugehen. Daher wurden anlässlich dieses Projektes zunächst Rahmenparameter mit der Geschäftsleitung vereinbart, die für jegliche künftige Standortplanung – also auch für die nun anstehende – gelten sollten. Diese Rahmenpunkte waren unter anderem:

- Pro Vollzeitmitarbeiter wird maximal ein Arbeitsplatz vorgehalten; das bedeutet, dass Teilzeitkräfte im Zweifel keinen personalisierten Arbeitsplatz mehr haben.
- Die Möblierung erfolgt – sofern nicht die Bestandsmöbel weiter genutzt werden – durch Standardschreibtische der Grösse 1,60 m x 0,80 m.
- Besitzstände werden im Rahmen der Planung grundsätzlich nicht berücksichtigt.
- Fest zugeordnete Besprechungsräume sind generell nicht vorgesehen. Stattdessen werden in ausreichender Menge frei buchbare Besprechungsräume zur Verfügung gestellt.
- Einzelbüros gibt es funktionsgebunden für Führungskräfte. Eine entsprechende Maximalgrösse ist definiert.

Die Bestandssituation des Gebäudes hat ein recht kleinteiliges Raumraster. Die übliche Bürogrösse beträgt ca. 20 m² und ist damit für zwei bis maximal drei Mitarbeiter nutzbar. Auf die Herstellung einer offenen Raumarchitektur wurde bei diesem Projekt bewusst verzichtet, da sowohl der Erhaltungszustand der Räume als auch die haustechnische Situation mit Klima- und speziellen Beleuchtungsanlagen ein Versetzen der Trennwände unwirtschaftlich machen würde.

Auf Basis dieser Rahmenparameter wurde ein Platzbedarf ermittelt, auf dem die jeweiligen Bereiche der Sparkasse vernünftig untergebracht werden können. Innerhalb dieser „Aussenmauern" wurde den Bereichsleitern Handlungsspielraum gegeben, wie die Raumplanung konkret ausgestaltet wird.

Für die Gesamtakzeptanz im Sinne einer Beteiligung der Betroffenen war es in jedem Falle hilfreich, dass die Bereiche ihre konkrete Ausgestaltung selbst vornehmen konnten. So konnte beispielsweise bei den künftigen Sitzordnungen auch auf die tatsächlichen sowie auf die gewünschten Kommunikationsbeziehungen Rücksicht genommen werden. Daneben konnten auch kleinere gestalterische Eingriffe – beispielsweise Wandfarben ohnehin zu streichender Räume – von den Abteilungen selbst gewählt werden, was ebenso die Akzeptanz förderte wie das Vorhandensein eines „Kümmerers". Gleichzeitig zeigte sich, dass die Führungskräfte bei ihrer Planung einer wirksamen Unterstützung bedürfen, damit die gewünschten Gestaltungen später auch wirklich umsetzbar und zulässig sind. Dies spricht dafür, bei künftigen Projekten den Grad der Vorstrukturierung zu erhöhen.

Wir hatten uns zu einer gestaffelten Kommunikation entschieden, das heisst zunächst erfolgte ein Kick-off-Gespräch jeweils persönlich mit den Leitern der betroffenen Bereiche. Als hilfreich hat sich gezeigt, die Kick-off-Gespräche von Führungskraft zu Führungskraft vorzunehmen, da hier der Gesamtzusammenhang der Massnahme erörtert und die jeweiligen Bereichsspezifika aufgenommen werden konnten. Aufgrund der Vielzahl der Bereiche waren die Gespräche jedoch nicht simultan möglich. In der Folge dieser Gespräche wurden dann konkrete Ausgestaltungen mit den Abteilungsleitern aus den jeweiligen Funktionsbereichen vorgenommen. Soweit erforderlich/gewünscht, gab es auch eine zentrale Mitwirkung an Teamgesprächen.

Die nichtsimultane Kommunikation liess einen „Buschfunk" entstehen. Einzelne Bereiche hatten schon ihre Mitarbeiter informiert, wohingegen in anderen Bereichen die Kommunikation erst anlief. Bei künftigen Projekten sollte daher entweder die Kommunikation simultan vorgenommen oder alternativ die weitere Mitarbeiteransprache auf der Zeitachse aktiv eingeplant werden (z. B. durch „Nachrichtensperre" bis Termin x). Wir haben festgestellt, dass bei Entstehen des „Buschfunks" es nur mit erhöhtem Aufwand möglich ist, die Deutungshoheit für die Gesamtmassnahme zurückzugewinnen. Hieraus haben wir gelernt, bei etwaigen künftigen Projekten das Augenmerk viel stärker darauf zu richten, die Massnahme gegenüber den Betroffenen in den jeweiligen Gesamtkontext einzuordnen.

Durch die neue Arbeitsplatzsituation gab es zum Teil erhebliche gefühlte Betroffenheiten, beispielsweise

- *durch Aufgeben einer liebgewonnenen Einzelzimmersituation,*
- *durch Belegung von 32 m²-Büros mit vier Arbeitsplätzen, wo bislang nur zwei Mitarbeiter beheimatet waren,*
- *durch Auflösen von „Wohngemeinschaften"*

und ähnliche Aspekte. Die hiermit verbundenen Befindlichkeiten und subjektiven Gefühle wahrzunehmen und wertschätzend einer Lösung zuzuführen, die gleichzeitig aber auch den Rahmenparametern des Projektes entsprechen soll, war die grösste Herausforderung. Diese ist bis zum heutigen Tag noch nicht endgültig abgeschlossen. Gleichzeitig galt es, behutsam herauszuarbeiten, wo ggf. auch Grenzen der Selbstverwirklichung liegen können. In diesem Kontext kam der Kommunikation eine Schlüsselbedeutung zu. Durch einen sehr engen Kontakt zwischen Projektleitung, betroffenen Bereichen und auch einzelnen Mitarbeitern wurden Sicherheit und Wertschätzung vermittelt. Die Mitarbeiter hatten einen festen Ansprechpartner, der sich auch als „Kümmerer" verstanden und eingebracht hat. So wurden die Belange der Mitarbeiter gehört und, soweit möglich, auch umgesetzt. Hier ist die Projektleitung auch bei kleinen Aspekten so lange drangeblieben, bis die Ergebnisse tatsächlich bewirkt waren. Gleichzeitig fungierte die Projektleitung auch als Bindeglied zwischen den zahlreichen in-

ternen und externen Projektbeteiligten. Es hat sich hierbei als hilfreich erwiesen, für komplexere Planungsteile eine gemeinschaftlich genutzte Datenbank vorzuhalten, auf die sowohl betroffene als auch unterstützende Bereiche gleichzeitig zugreifen konnten. In dieser Datenbank konnten Raumbücher und aktuelle Planungsstände hierzu hinterlegt werden. Relevante Informationen lagen so den Planungsbeteiligten trotz hoher Arbeitsteilung und iterativer Prüfschritte jeweils aktuell vor. Diese – im Sinne des Wortes – gleiche Basis hat nicht nur funktional, sondern auch emotional einen deutlichen Fortschritt im Projekt bewirkt.

Der verantwortliche Fachbereich hat sowohl Dienstleister- als auch Steuerungsfunktion. Aus der Dienstleisterperspektive werden Wünsche kundenorientiert aufgenommen und möglichst schnell und qualitativ hochwertig abgearbeitet; aus der Steuerperspektive werden Bedingungen geschaffen, die für das Gesamtunternehmen vorteilhaft sind, auch wenn dies in Einzelbereichen an der einen oder anderen Stelle negative Auswirkungen auf Einzelbedürfnisse haben kann. Es war für die Projektleitung schwierig, sich immer die „richtige Kappe" aufzusetzen; zwischen den beiden Perspektiven sauber in der Projektarbeit hin und her zu wechseln und gleichzeitig sowohl die Unternehmens- als auch die Mitarbeiterbedürfnisse auszutarieren, ist eine permanente Herausforderung. Unseres Erachtens ist das bei diesem Projekt bislang gut gelungen. Inwieweit dies auch nach Sicht der Betroffenen geglückt ist, mag differenziert bewertet werden und bedarf einer Evaluation nach Abschluss der Gesamtmassnahme.

Im Projektablauf hat sich gezeigt, dass die Befugnisse der Projektleitung bei Projektbeginn nicht klar genug umrissen waren. Hier ist bei künftigen Vorhaben stärker zu schärfen, ob es sich bei einem Projektleiter um einen Router handelt – also jemanden, der Informationen von A nach B trägt – oder ob und in welchem Umfang er auch gleichzeitig Entscheider ist, also Probleme auch unmittelbar abstellt. Im Zuge eines Empowerments sollten hier künftig mehr Befugnisse auch ausdrücklich an die unmittelbar agierenden Mitarbeiter übertragen werden.

Hinderliche Faktoren im Projektverlauf waren insbesondere der Verzicht auf jegliche gefühlten sowohl Besitzstände als auch Wertigkeitsunterschiede zwischen Stabs- und Vertriebsarbeitsplätzen. Hier kam zum Tragen, dass Mitarbeiter eines bestimmten Anforderungsprofils in Stabs- und Marktfolgebereichen sich ihr Büro mit weiteren Mitarbeitern teilen müssen, wohingegen vergleichbare Tätigkeiten in einem Vertriebsbereich oftmals in Einzelbüros untergebracht sind. Dies stand hier jedoch insoweit nicht tiefer zur Disposition, da im vorliegenden Projektlayout vertrieblich genutzte Flächen nicht überplant wurden. Dies folgt der Grundüberlegung, Ressourcen im Zweifel dort einzusetzen, wo sie auch vom Kunden positiv wahrgenommen werden.

Der Verzicht auf gefühlte Besitzstände führte zu einer deutlichen Unruhe. Die Akzeptanz der Flächenoptimierung wurde durch identische Spielregeln für alle Betroffenen gefördert. Hilfreich war auch, dass die Projektleitung durch eine Mitarbeiterin ohne formale Führungsrolle wahrgenommen wurde, sodass auftretende Probleme jeweils offen „untereinander" besprochen werden konnten. Das oben bereits skizzierte „Kümmererprinzip" sowie ein Denken in Lösungen und gezieltes Suchen nach Wegen hat hier die Akzeptanz deutlich nach vorne gebracht. Es gab darüber hinaus auch positive Ausstrahlungseffekte, die mit der Raumplanung im engeren Sinne nichts zu tun haben. So wurden im Rahmen der Umzugstätigkeiten erhebliche „Entschlackungsmassnahmen" vorgenommen, die sowohl physisch als auch mental Ressourcen freisetzen. Gleichzeitig haben es verschiedene Bereiche genutzt, um im Rahmen der ohnehin anstehenden Umzüge quasi en passant auch Anpassungen innerhalb ihrer Strukturen vorzunehmen, beispielsweise die Zusammensetzung einzelner Teams zu verändern.

Auf die generellen Vorzüge eines fundierten Projektmanagements sowie die Bedeutung einer funktionierenden Projektgruppe wird hier nicht näher eingegangen. Ein Aspekt, der sich im Rahmen des Projektmanagements besonders bewährt hat, ist der Einsatz einer Auftraggeber-Zielvereinbarung. In dieser werden sowohl die zeitliche als auch die qualitative Dimension konkret operationalisiert und zwischen Geschäftsleitung und Projektleitung vereinbart. Durch diese von vornherein bestehende Transparenz über die Zielsetzung war es der Projektleitung deutlich erleichtert, die angestrebten Ziele zu verfolgen.

| Erfahrung | **Gedanken** | Muster |

„Wenn Du ein Schiff bauen willst, dann trommle nicht Männer zusammen um Holz zu beschaffen, Aufgaben zu vergeben und die Arbeit einzuteilen, sondern lehre die Männer die Sehnsucht nach dem weiten, endlosen Meer."
(Antoine de Saint-Exupery)

Im Kern gibt es drei mögliche Wege, um Veränderungsbereitschaft zu erzeugen (Kruse 2010, S. 65 ff.):

1. **Suchen Sie sich offene Mitarbeiter, die Spass an Veränderungen haben.**
   In der Praxis ist dies in den wenigsten Fällen möglich. Meist betreffen Veränderungsprozesse ganze Organisationseinheiten. Im Hinblick auf die Implementierung eines neuen Arbeitsplatzkonzeptes kann bei der Auswahl von Pilotgruppen natürlich auf diesen Faktor Rücksicht genommen werden, meist sind jedoch andere Kriterien entscheidend für die Auswahl der Einheiten, die umziehen.

2. **Erzeugen Sie Veränderungsbereitschaft über Angst.**
Sätze wie: „Wenn wir jetzt nichts verändern, dann werden wir unrentabel und Menschen werden arbeitslos!" sind in der Praxis eine durchaus beliebte Methode, um Motivation für Veränderungen zu erzeugen. Wer diesen Weg wählt, zahlt jedoch oft einen hohen Preis. Offen über Risiken und Folgen der Beibehaltung des Status quo zu sprechen, ist wichtig, denn ein geringes Angstniveau regt das Gehirn an, neue Muster zu erfinden. Überschreitet die Angst jedoch ein gewisses Mass, geht das Gehirn auf bekannte und fest verankerte Verhaltensmuster zurück. Hinzu kommt der Effekt der Abstumpfung. Menschen gewöhnen sich an Angst auslösende Katastrophenszenarien, wie es z. B. die immer leiser werdende Debatte um den Klimawandel zeigt. Soll ein gewisses Angstniveau erhalten bleiben, müssten immer neue Hiobsbotschaften und Katastrophenszenarien kommuniziert werden, was dazu führen kann, dass Panikreaktionen auftreten. In diesen Situationen gibt es oft zwei Gruppen: Die Leistungsträger verlassen das Unternehmen und die verbleibenden Mitarbeiter verteidigen mit aller Kraft ihre Besitzstände.

3. **Wecken Sie Faszination und Neugier über eine emotionale Vision als Basis.**
Faszination ist eine starke und vor allem positive Triebfeder im Veränderungsprozess. Veränderung durch Angst erzeugt Distress, eine negative empfundene Form der Belastung. Veränderung durch eine faszinierende Zukunftsvorstellung erzeugt Eustress, eine positiv empfundene Form der Belastung (vgl. Kruse 2010, S. 77). Aus einer „Weg-von"- wird eine „Hin-zu"-Bewegung.

Das Wort Vision kommt aus dem Lateinischen und bedeutet „Traumgesicht". Eine Vision ist ein Traum, der von einer hinreichenden Anzahl an Führungskräften geteilt wird und bei den Mitarbeitern auf emotionale Resonanz stösst. Am Anfang eines jeden Veränderungsprozesses steht die Frage nach dem Warum. Diese Frage sollte durch eine positive und motivierende Vision beantwortet werden. Die Vision soll vor allem auf emotionaler Basis Sicherheit geben in den Unwägbarkeiten eines Veränderungsprozesses. Sie ist damit viel mehr als eine Marketingaufgabe und wird in vielen Veränderungsprozessen unterschätzt.

Gerade wenn die Veränderung des Arbeitsplatzkonzeptes nur ein Teil eines grösseren Veränderungsprojektes ist, bekommt die Vision eine zentrale Funktion.

In einem nächsten Schritt ist es dann wichtig, die Vision in konkrete Ziele herunterzubrechen.

„Wer den Hafen nicht kennt, für den ist kein Wind der richtige." (Seneca)

Im Office-Changemanagement gibt es oft viele Beteiligte mit teilweise widersprüchlichen Zielen. Um die verschiedenen Beteiligten gemeinsam einzubinden, sind folgende Schritte zu empfehlen:

- Auftragsklärung
Klärung der Freiheitsgrade, Rahmenbedingungen und Restriktionen mit dem Auftraggeber
- Strategieworkshop mit dem Topmanagement
Erarbeitung der projektspezifischen Vision, Abstimmung mit den grundsätzlichen strategischen Zielen der Führungskräfte
- Zieldefinition mit den Führungskräften
Herunterbrechen der Vision auf konkrete Ziele für die beteiligten Bereiche

Dieses Vorgehen birgt mehrere Vorteile:

- Die Beteiligten beschäftigen sich mit ihrer Rolle im Projekt.
- Es herrscht Einvernehmen über das zu erzielende Ergebnis.
- Klare Ziele formen eine solide Arbeitsbasis für alle Projektbeteiligten und können gleichermassen an Dritte (Mitarbeiter, Betriebsrat etc.) kommuniziert werden.
- Eine starke Vision, die vom Topmanagement getragen wird, hat eine immense Wirkung auf emotionaler Ebene für den gesamten Changeprozess.
- Die Zieldefinition kann in den Evaluierungsprozess nach Abschluss des Projektes einbezogen werden, sodass der Erfolg messbar wird.

Hinweis

Die Durchführung von Visions- und Zielklärungsworkshops kostet Zeit. Gerade zu Beginn eines Changeprozesses ist diese oft ein knappes Gut. Nicht selten herrscht die Mentalität: „Jetzt fangen wir erst einmal an, das klärt sich dann später." Ein solches Vorgehen ist eine Fahrt ins Blaue, endet oft in widersprüchlichen Zielinterpretationen und kann dazu führen, ein Ergebnis zu erreichen, dass der Auftraggeber nicht will. Eine gründliche Auftragsklärung und Zieldefinition mag den Prozess zunächst entschleunigen, führt aber langfristig dazu, dass der Prozess effektiv gesteuert werden kann und alle Beteiligten am gleichen Strang ziehen.

4.2 Verstehen der Ausgangssituation

Erfahrung	Gedanken	Muster

Erfahrungsbericht: Erfolgsfaktor Changemanagement – Die richtigen Hebel identifizieren und das Potenzial der Organisation nutzen,
Jennifer Konkol, AECOM Deutschland GmbH (vormals DEGW)

Die Besonderheit bei dem im Folgenden betrachteten Projekt lag darin, dass das nonterritoriale Arbeitsplatzkonzept – erstmalig an einem deutschen Standort dieses Unternehmens – für über 2.400 Mitarbeiter eingeführt werden sollte. Letztendlich ging es darum, dass die Angestellten nicht mehr an einen festen Arbeitsplatz gebunden sein sollten, sondern von ihrer Nachbarschaft ausgehend, je nach Aktivität, in einer Vielzahl verschiedener Arbeitsumgebungen arbeiten können, die sie mit ihren Kollegen teilen. Parallel wurden neueste Technologien, die das flexible Arbeiten optimal unterstützen, implementiert. Eine weitere Herausforderung bestand darin, dass hierarchiebedingte Unterschiede im Arbeitsplatzkonzept aufgelöst werden sollten. Nur noch für Führungskräfte der Ebenen 1 und 2 waren geschlossene Räume vorgesehen, die als flexible Büros genutzt werden.

Um das volle Potenzial dieses Konzepts auszuschöpfen und eine Veränderung der Arbeits- und Verhaltensweisen zu unterstützen, wurde der gesamte Prozess von integrierten Changemanagement-Aktivitäten und -Werkzeugen begleitet, deren Schwerpunkt auf den drei Hauptbereichen Kommunikation, Interaktion und Training lag.

Herangehensweise

Im ersten Schritt wurden die Veränderungsbereitschaft, subjektiv empfundene Herausforderungen sowie Erfolgsfaktoren durch ein Change Readiness Assessment auf allen hierarchischen Ebenen und spezifisch in allen Geschäftsbereichen identifiziert. Eine besondere Bedeutung kam hierbei der Identifikation von sogenannten Hygienefaktoren und Motivatoren zu. Darunter verstehen wir einerseits Faktoren, die erfüllt sein müssen, damit das Konzept von den Mitarbeitern akzeptiert wird und ihre Produktivität nicht beeinträchtigt (Hygienefaktoren), und andererseits Faktoren, die dazu dienen, Begeisterung, Identifikation und Stolz auszulösen. Kennt man diese Faktoren, kann man sie in einem Changeprojekt als Hebel einsetzen und ein Konzept generieren, das zu den Beteiligten passt und Akzeptanz findet.

Basierend auf unseren Erkenntnissen haben wir einen Changemanagement-Prozess aufgesetzt, der sowohl die Spezifika der Organisation und des Projektes berücksichtigt als auch die beschriebenen Hebel in den unterschiedlichen Geschäftsbereichen und Hierarchieebenen bedient.

Ebenso wurden sogenannte „heisse Themen" identifiziert, welche anschliessend in der Kommunikation besonders sensibel aufgenommen wurden und bei denen es von besonderer Bedeutung war, die Betroffenen einzubinden.

Eine wesentliche Erkenntnis aus dem Change Readiness Assessment war, dass die Mitarbeiter zu einem grossen Teil bereits das Arbeiten in der offenen Fläche gewohnt waren. Dem Thema Desk-Sharing standen viele erwartungsgemäss sehr kritisch gegenüber. Der „Mobility-Profiling"- und der „Mobility-Enrolement"-Prozess wurden entsprechend so gestaltet, dass Mitarbeiter und Führungskräfte auf allen Hierarchieebenen mit einbezogen wurden und die Ziel-Sharing-Ratio von den jeweiligen Bereichen selbst definiert werden konnte.

In einigen Abteilungen kam dem Thema Ablage eine grosse Bedeutung zu. Dem wurde durch organisierte Ausmistevents sowie Informationsveranstaltungen zum Thema Ablagereduzierung und Arbeiten mit digitaler Ablage Rechnung getragen.

Herzstück des Changeprozesses war ein Changenetzwerk bestehend aus Change Champions auf Mitarbeiterebene und Workplace Guards auf Managementebene, die von AECOM trainiert und in regelmässigen Sounding Boards in den Raumplanungs- und Kommunikationsprozess eingebunden wurden. Über diese Nutzervertreter konnten wir Feedback sammeln und wichtige Meilensteine, wie z. B. die Spielregeln, gemeinsam erarbeiten. Da die Veränderungsbereitschaft in den einzelnen Geschäftsbereichen sehr unterschiedlich war, entschlossen wir uns, die Hauptkommunikation in definierten Kommunikationspaketen über die Change Champions erfolgen zu lassen. Da die Change Champions die Kommunikationspakete und Botschaften individuell anpassen konnten, war eine sehr zielgerichtete und auf die spezifischen Anforderungen und Rahmenbedingungen der einzelnen Teams angepasste Kommunikation möglich. Ebenso wurde durch dieses Vorgehen die Veränderungskompetenz im Unternehmen aufgebaut. Das Potenzial der Organisation, den Changeprozess autonom zu steuern, sowie eine nachhaltige Veränderung nach Einzug wurde dadurch gefördert.

Die Einführung des nicht territorialen Arbeitens stellte das Unternehmen vor eine grosse Herausforderung. Subjektiv fürchteten sich viele Mitarbeiter davor, ihr persönliches Territorium, „meinen Schreibtisch", zu verlieren. Es war daher von grosser Bedeutung, ein Substitut auf Teamebene zu generieren. Mit den Change Champions erarbeiteten wir ein Nachbarschaftskonzept, in welchem sich die Teams mit Farben, Pflanzen und einigen „Gimmicks" ein individuelles Teamterritorium gestalten konnten, mit dem sich auch Einzelpersonen identifizieren konnten. Dadurch entstand das Gefühl, eine neue „Heimat" zu haben. Dies erleichterte den Prozess des Umdenkens von „mein Schreibtisch" hin zu „meine Nachbarschaft".

Ein weiterer Schlüsselfaktor war die Vorbereitung der Managementebene auf die Arbeit in den neuen Flächen, da es für viele nicht leicht war, sich von ihren Einzelbüros zu lösen und die Vorteile eines offenen Arbeitsplatzes, in der Nähe zum Team, zu entdecken. Wir haben an dieser Stelle mit gezielten Trainings gearbeitet, um das Management bestmöglich auf die neuen Arbeitsweisen und ihre Rolle im Veränderungsprozess vorzubereiten.

Parallel wurde eine zentrale Kommunikationsstrategie aufgesetzt, um Bewusstsein und eine für Veränderung empfängliche Umgebung zu schaffen (Newsletter, Intranet, Poster, Broschüren). Der Übergang in die neue Fläche wurde durch zusätzliche Kommunikationsveranstaltungen begleitet (Experten-Fragerunden und Ablagereduzierungsevents).

Im Change Readiness Assessment zeigte sich, dass Missverständnisse gegenüber dem Konzept bestanden. Man glaubte, dass es dabei um eine Kosteneinsparübung ginge und man in sogenannte „Hasenkäfige" einziehen müsse. Dieser Begriff hatte sich vor dem Start des Changeprozesses als geflügeltes Wort etabliert. Durch den Aufbau eines Showrooms und gezielte Kommunikation von Vorher-/Nachher-Benchmarks versuchte man, diesem entgegenzuwirken. Weiterhin war der Begriff des „Open Space" aus mässig erfolgreichen Pilotprojekten negativ behaftet. Zusammen mit dem Kunden haben wir daher eine neue Begrifflichkeit für das Konzept gewählt und in der Kommunikation die vorhergehenden Pilotprojekte und das neue Konzept gegenübergestellt. In diesem direkten Vergleich konnte gezeigt werden, wie aus den alten Konzepten gelernt wurde und welche Veränderungen für das neue Konzept daraus abgeleitet wurden. Damit konnte den Vorbehalten auf rationaler Ebene begegnet werden. Durchweg positiv wurde es gesehen, dass neue informelle Flächen auf allen Etagen integriert wurden. Um diesen Akzeptanzfaktor zu stärken, entwickelte der Planer verschiedene Gestaltungsmöglichkeiten für diese Fläche, aus denen die Mitarbeiter jeder Etage dann die Variante heraussuchen konnten, die der Funktion und dem Design nach am besten zu den Teams auf der jeweiligen Etage passte.

Die nachhaltige Integration neuer Arbeitsweisen wurde durch die Weiterführung der Sounding Boards, Erinnerungs-E-Mails und Feedbackmeetings gesichert. Die Feedbackmeetings mit den Führungskräften zeigten bereits eine hohe Zufriedenheit mit dem Konzept, offenbarten jedoch auch, dass das Sharing-Potenzial in einigen Bereichen noch nicht voll genutzt wird. In diesen Meetings wurden die Barrieren gemeinsam identifiziert und darauf basierend Schritte eingeleitet, um diese abzubauen.

Ein wichtiger Bestandteil, um Akzeptanz und Vertrauen der Beteiligten zu erhalten, war, dass von Beginn an angekündigt wurde, dass ca. sechs Monate nach dem Einzug eine Nachbefragung stattfinden würde, um die Zufriedenheit mit dem Konzept zu messen und zu eruieren, ob sich die Verhaltensweisen verändert haben. Zum jetzigen Zeitpunkt wird diese Umfrage gerade vorbereitet. Innerhalb der nächsten Monate werden die Ergebnisse aufbereitet und in Datenvalidierungsworkshops mit Vertretern der Geschäftsbereiche diskutiert.

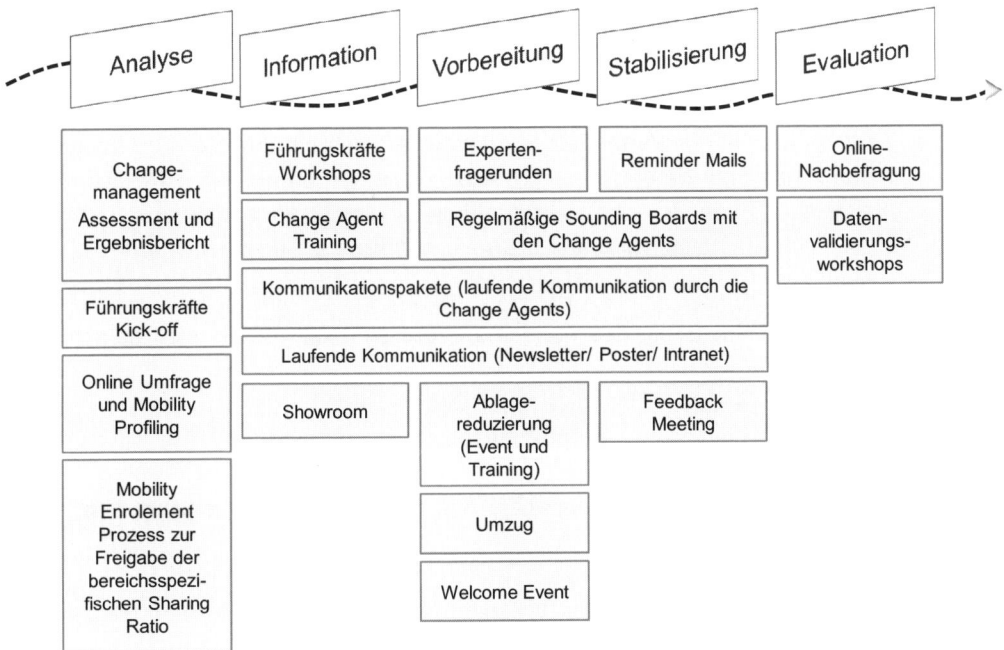

Abbildung 20: Changemanagement-Prozess des Projektbeispiels

Fazit

Ein Changeprozess kann nur erfolgreich sein, wenn man zunächst versteht, an welchem Punkt die beteiligten Mitarbeiter stehen, und sie von dort abholt. Es lohnt sich, die Zeit zu investieren, erst zuzuhören und zu verstehen, welches die konkreten Befürchtungen, Bedenken, aber auch die gesehenen Stärken am neuen Konzept sind. Das Ergebnis ist dann nicht nur eine hohe Zufriedenheit der Nutzer mit dem Konzept, sondern auch die (beginnende) Identifikation der Mitarbeiter mit der neuen Arbeitsumgebung. Nur wenn der Mitarbeiter sich ernst genommen und wertgeschätzt fühlt, wird er auch bereit sein, sich auf das neue Konzept einzulassen und die darin liegenden Potenziale zu entdecken.

Erfahrung	**Gedanken**	Muster

Das dynamische Geschehen von Veränderungen läuft ab im Spannungsfeld von Interessen, Bedürfnissen, Motivationen und Machtkonstellationen. Es ist wichtig, dieses Feld im Vorfeld eines Changemanagement-Prozesses zu analysieren, damit das Feld determinierende Aspekte im weiteren Changeprozess Berücksichtigung finden können. Gute Planung ist wichtig, vor allem vor dem Start. Es gilt, nichts einfach vorauszusetzen, sondern eine Standortbestimmung vorzunehmen:

- Wer ist am Erfolg des Projektes interessiert und bereit, sich persönlich zu engagieren?
- Wer hat welchen Einfluss auf das Geschehen?
- Welche Einflüsse sind unterstützend, welche hinderlich? Wie wirkt das Umfeld auf das Projekt?
- Welche Kommunikationskanäle bestehen, welche müssen neu eingerichtet werden?
- In welchen Schritten und auf welchen Pfaden sollte man vorgehen?
- Ist die Dringlichkeit der Veränderung transparent? Besteht ein gewisser Leidensdruck?
- Sind Ziele und Ausrichtung definiert, klar formuliert, kommuniziert und verstanden? Ist der kollektive und individuelle Nutzen ableitbar? Gibt es Zielkonflikte der verschiedenen Beteiligten?
- Stützt die Unternehmenskultur den aktuellen Veränderungsprozess?
- Wie gross ist die Veränderung, welche die Organisation durchlaufen wird? Wie gross ist sie subjektiv für die Betroffenen?
- Welche Veränderungen fallen leicht, welche schwer?
- Wer profitiert am meisten, wer am wenigsten von der Veränderung? Wie stehen die verschiedenen Bereiche und Hierarchieebenen zu dem anstehenden Projekt?
- Welche Aspekte der Veränderungen werden eher positiv, welche eher negativ erlebt?
- Laufen andere Veränderungsprozesse parallel?
- Gab es in der Vergangenheit ähnliche Projekte und, wenn ja, welches Image haben diese? Was ist bei diesen Projekten gut gelaufen, was sollte dieses Mal anders gemacht werden?

Eine Diagnose des Reifegrads der Organisation hilft zu erkennen, welche Massnahmen (Therapie) in welchem Umfang (Dosierung) notwendig sind, damit der Wandel gelingt.

Ist die Organisation reif für die Veränderung?

- Wie sieht die Vision des zukünftigen Arbeitsplatzkonzeptes aus und wie ist sie mit der Vision der Organisation verbunden?
- Wo stehen wir jetzt?
- Wie weit sind wir von der Vision entfernt?
- Was sind die Stärken und die Möglichkeiten des Projektes?
- Welche Erkenntnisse können wir aus vergangenen Veränderungsprojekten ziehen?
- Welche Hindernisse sind zu überwinden?
- Ist der geplante Wandel realistisch?
- Ist die Unternehmenskultur in der Lage, diesen Wandel durchzuführen, und auch dazu bereit?
- Kann der Prozess in einem Schritt durchgeführt werden und benötigt der Wandel verschiedene aufeinander folgende Phasen?
- Ist die neue Arbeitsplatzstrategie / die Vision die richtige für diese Organisation?

Sind diese Fragen beantwortet, kann der Changeexperte ein strukturiertes Vorgehen andenken und ausfeilen. Wichtig ist, dass nach den ersten Changeaktivitäten die Erfahrungen reflektiert und für die folgenden Schritte im Changeprozess genutzt werden.

Eine gute Changemanagement-Roadmap nutzt Mitnahmeeffekte und plant explizite Quick Wins ein.

Die Veränderung ist in Unternehmen – auch bei der Umgestaltung der Bürolandschaft – nachhaltig, wenn folgende Unternehmens- bzw. Führungskultur vorhanden ist:

weg von ...	hin zu ...
eifriger Dienst- und Pflichterfüllung	Performance, Ergebnis
Problemorientierung	Lösungsorientierung
Denken und Handeln in Abteilungen	Erkennen und Beachten von Gesamtzielen
Funktions- u. Organisationsegoismus	konstruktivem Interesse für das Ganze
Ausrichtung vorwiegend nach innen	Ausrichtung nach aussen, zum Kunden
Veränderungen sind bedrohlich	Veränderungen sind Chancen
Durchsetzungskultur	Vereinbarungskultur
führen = ausführen	führen = Verantwortung wahrnehmen
erlaubt ist, was vorgeschrieben ist	Handlungsspielräume verlangen und ausloten

4.3 Die richtigen Ressourcen im Veränderungskonzept

Erfahrung	Gedanken	Muster

Beispiel: Die Rolle des Changemanagements bei Wandlungsprozessen in der modernen Arbeitswelt,
Michael Neff, Swisscom Immobilien AG

Swisscom gilt als national führender Anbieter von Diensten und Produkten der Telekommunikation und der Informationstechnologie in der Schweiz. In einem dynamischen und stetig in Veränderung begriffenen eidgenössischen Markt ist Swisscom zunehmend auch in neuen innovativen Geschäftsfeldern wie dem Unterhaltungsbereich aktiv. Swisscom trägt Verantwortung für über 19.000 Mitarbeitende und deren Arbeitswelt.

Changemanagement Swisscom

Unter dem Begriff Changemanagement versteht man innerhalb der Swisscom alle systematischen Aufgaben, Massnahmen und Tätigkeiten, die eine umfassende, bereichsübergreifende und inhaltlich weitreichende Veränderung zur Umsetzung von neuen Strategien, Strukturen, Systemen, Prozessen oder Verhaltensweisen in der Organisation bewirken sollen.

Der Begriff Changemanagement ist bei Swisscom im Human-Ressource-Management angesiedelt und eng verknüpft mit dem Begriff Organisationsentwicklung. Dieser bedeutet Wandel der gesamten Organisation in Bezug auf ihr Verhalten und die Kultur. Es geht um einen geplanten, umfassenden und langfristigen Wandel.

Das Changemanagement-Team des Konzerns und der Gruppengesellschaften verantwortet die strategischen Initiativen für die strategische und operative Organisationsentwicklung sowie den Wandel der Firmenkultur („Culture Change").

In der Praxis spielt das Changemanagement je nach Anlass und Relevanz eine den Erfordernissen entsprechende Rolle. Im Zusammenhang mit dem Wandel in der Arbeitswelt bei Swisscom durch weitreichende Veränderungen im Portfolio der Bürostandorte sowie durch die Einführung des modernen Büroarbeitsplatzkonzeptes nimmt das Changemanagement eine wichtige Rolle wahr.

Büroarbeitsplatzkonzept

Das Büroarbeitsplatz-Konzept (BAP) der Swisscom zielt auf eine nutzerorientierte und bedarfsgerechte Arbeitsplatzgestaltung. Diese zeichnet sich einerseits durch eine hohe Flexibilität und eine weitreichende Standardisierung aus. Die Rationalisierungspotenziale von der Beschaffung bis zur Bewirtschaftung liegen auf der Hand. Ein einheitlicher Mobiliarkatalog und homogene Gestaltungsprinzipien sorgen für eine der Corporate Identity entsprechende Arbeitsumgebung. Dabei lassen die übergreifenden Vorgaben den erforderlichen Spielraum, um auf die gebäudetypischen Gegebenheiten sowie individuelle Nutzersituationen einzugehen. So können an jedem Standort die Qualitätsstandards in der adäquaten Ausprägung garantiert werden.

4-Zonen-Modell

Andererseits sorgt die räumlich-funktionale Differenzierung für ein vielgestaltiges Arbeitsplatzangebot. Dieses hat das 4-Zonen-Modell (Arbeiten – Konferenz – Pause – Regeneration) zur Grundlage. Das Kommunikation fördernde Arbeiten im offenen Raum (Open Space) sieht entsprechend der unterschiedlichen Arbeitsstile vier Arbeitsplatztypen vor. Neben dem Standardarbeitsplatz sind spezielle Arbeitsplätze für Callcenter und andere Spezialisten vorgesehen. Einen weiteren Arbeitsplatztyp stellt der Desk-Sharing-Arbeitsplatz dar. Die Arbeitszone im Open Space wird in Nähe der Arbeitsplätze durch spezifische Raumkategorien (Components) ergänzt. Die Konferenzzone bietet störungsfreie Rückzugs- und Teamarbeitsbereiche. In der Pausenzone werden die Ad-hoc-Interaktion und der Austausch gefördert. Erholungsbereiche stellen das Angebot für Regeneration sicher.

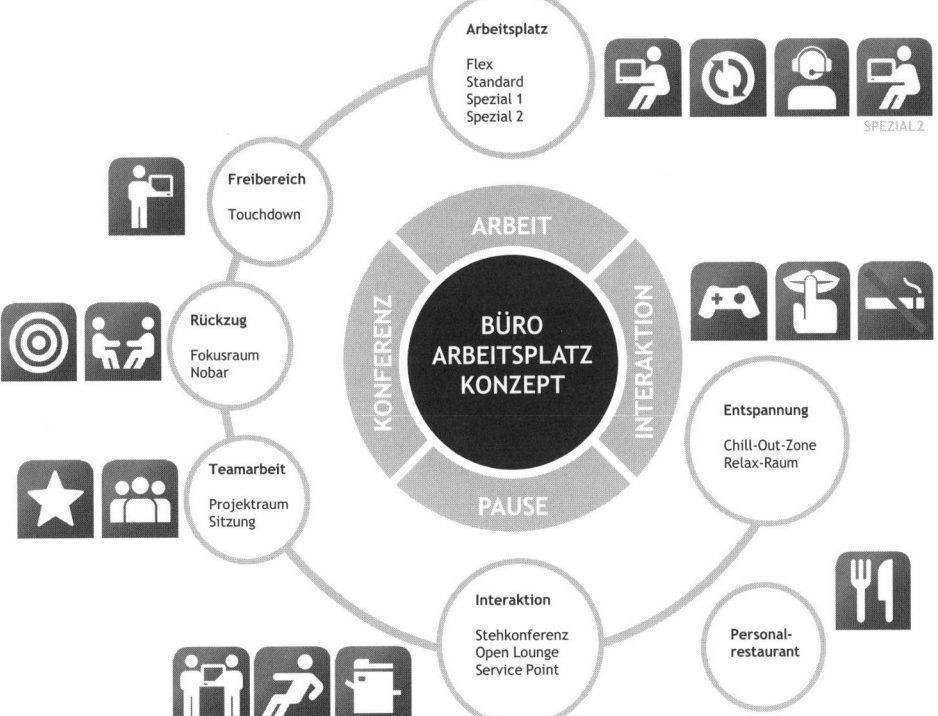

Abbildung 21: Büroarbeitsplatzkonzept – 4-Zonen-Modell

Die Etablierung des Büroarbeitsplatzkonzeptes und seines 4-Zonen-Modells wurde unter intensiver Begleitung von Changemanagement-Aktivitäten unterstützt.

Desk-Sharing

Ein wesentlicher Hebel für die effiziente Nutzung der Büroflächen stellt die Einführung von gemeinsam genutzten Arbeitsplatzbereichen dar (Desk-Sharing). Die vergleichsweise geringe Ausnutzung der Flächen und Infrastruktur bei konventionellen Bürokonzepten stellt sich in einem teilweise niedrigen Nutzungsgrad dar. Zur Erhöhung der Nutzungsintensität ist ein fixer Anteil (Ratio) an Desk-Sharing-Arbeitsplätzen festgelegt. Die Nutzerschaft ist auf Managementebene gehalten, diesen Anteil nachweislich zuzuordnen. Erforderliche Abweichungen sind die Ausnahme und auf Nutzerseite stichhaltig zu begründen. Im Standard wird somit ein verbindliches Ratio erreicht. 110 Mitarbeitenden, welche im Schnitt 100 Vollzeitäquivalente (FTE) ergeben, stehen insgesamt 85 Arbeitsplätze (AP) zur Verfügung, wovon 15 Arbeitsplätze dem Desk-Sharing dienen (Desk-Sharing-Quote: 0,85 AP/ FTE).

Zur erfolgreichen Einführung des Desk-Sharing-Prinzips wurden weitreichende begleitende Massnahmen durch das Changemanagement durchgeführt.

Nutzermitwirkung und Innovation

Das Büroarbeitsplatzkonzept stellt einen robusten Rahmen zur Verfügung, in welchem vielfältige Mitgestaltungsmöglichkeiten bestehen, die individuellen Bedürfnisse unter Einbeziehung der Nutzerschaft abzudecken. Die Umsetzung dieser Bedürfnisse ist wesentliches Merkmal des Konzernauftrages, den Swisscom Immobilien durch eine proaktive, beratende und integrierende Haltung berücksichtigt.

Zur Qualitätssicherung wird das Büroarbeitsplatzkonzept von einem breiten Gremium aller Interessenvertreter innerhalb von Swisscom begutachtet. Ergänzend werden externe Fachmeinungen aus dem Gebiet der Arbeitsplatzgestaltung sowie auch der Arbeitsplatzgesundheit eingeholt.

Verhalten und Kulturwandel

Der Wandel bringt grosse Herausforderungen für das Changemanagement. Der Mitarbeitende wird unterstützt, die Potenziale dieser einheitlichen, aber hochdifferenzierten Arbeitsplatzumgebung für sich optimal zu nutzen. Der Mitarbeitende wird animiert, die moderne IT-Infrastruktur (Unified Communication & Collaboration) aktiv zu nutzen. Aufgrund des Raumkonzeptes und der hohen Ansprüche an die Flexibilität des Mitarbeitenden können auch unterschiedliche Hemmnisse und Stressphänomene auftreten, welche durch die bereitstehenden

Abbildung 22: Visualisierung neues Büroarbeitsplatzkonzept

Fachspezialisten im Zusammenhang aufzugreifen sind. Stets kommt einer durch die Mitarbeitenden wahrgenommenen Eigenverantwortung eine grosse Bedeutung zu. Die Tätigkeit im Open Space macht die Einhaltung der spezifischen Spielregeln nötig. Dabei wird der Nutzer durch ein proaktives Changemanagement-Coaching aktiv begleitet.

Mit der Etablierung des Büroarbeitsplatzkonzeptes ist ein bedeutender Kulturwandel vollzogen. Der zurückgezogene und isolierte Einzelbüroarbeitsplatz mit hohem Flächenverbrauch ist nicht länger vorgesehen – Open Space als offener Kommunikationsbereich ist übergreifend eingeführt. Unterstützt durch die Verantwortlichen der Kommunikation begleitet das Human-Ressource-Management sämtliche Veränderungen mit phasen- und anlassgerechten Changemanagement-Massnahmen. Das Topmanagement lebt das Arbeiten in dieser Raumkonstellation aktiv vor.

Programm Espace 2

Mit dem Programm Espace 2 setzt Swisscom Immobilien in den nächsten Jahren in Etappen einen weitreichenden Konzernauftrag um. Zum einen gibt dieser das Ziel einer umfassenden Optimierung des Immobilienportfolios vor, um wesentliche Einsparpotenziale zu realisieren. Zum anderen ist das Programm unter der Überschrift „Modernes Arbeiten" auf die Sicherstellung von effektiven Kommunikations- und Arbeitsprozessen als Grundlage einer zukünftigen Arbeitswelt ausgerichtet.

Der Konzernauftrag wird von Swisscom Immobilien in der Programmleitung ausgeführt. In der Programmorganisation sind die Nutzervertreter der Gruppengesellschaften und die wesentlichen internen Fachbereiche vertreten, insbesondere von Changemanagement und Kommunikation.

Changemanagement Espace 2

Das Changemanagement ist ein integraler und wesentlicher Bestandteil des Programms Espace 2. Jede Changemanagement-Massnahme hat in diesem Zusammenhang neben ihrem eigentlichen Zweck (z. B. Messung der Arbeitszufriedenheit) auch immer einen kommunikativen Anteil und ist daher stets eng mit der Kommunikation verknüpft. Changemanagement stellt zusammen mit der Kommunikation sicher, dass die Vorgesetzten und die Mitarbeitenden in die Veränderungen von Espace 2 involviert werden. Sie sollen dieses verstehen, akzeptieren und mithelfen, dieses in ihrem Umfeld umzusetzen.

Dazu braucht es ein Konzept, eine Massnahmenplanung und die Steuerung einer wirksamen Zusammenarbeit mit den Linienorganisationen sowie ein Monitoring und die Auswertung der Resultate.

Zielsetzung und Aufgaben

- *Schaffen eines einheitlichen Verständnisses der Veränderungsinhalte und Ableitung eines Changekonzeptes (Analyse, Konzept, Umsetzung und Begleitung) und eines Kommunikationskonzeptes. Inhaltlich fokussiert das Konzept auf das Programm Espace 2 und die damit verbundenen Änderungen in der Arbeitskultur. Betroffen sind die Organisation als Ganzes, aber auch Teams (Sach- und Beziehungsebene) sowie einzelne Personen (Einstellung und Verhalten). Hauptelemente der kulturellen Veränderung sind Flexibilität, Mobilität und Eigenverantwortung. Changemanagement unterstützt diese Veränderungen.*
- *Zeit- und zielgruppengerechte Information an die verschiedenen Anspruchsgruppen, um Verständnis und Commitment für das Programm zu schaffen.*
- *Sensibilisierung und Unterstützung der Führungskräfte in der weiteren Ausdifferenzierung ihres Rollenverständnisses als Multiplikatoren bzw. Einnahme einer Coaching- und Begleitrolle ihrer Mitarbeitenden (Auswirkungen auf Arbeitskultur und Zusammenarbeit innerhalb und zwischen den Bereichen).*
- *Ausbildung von internen Change-Agents, sogenannten „Single Points of Contact" (SPOC), zur Vermittlung von Changemanagement-Massnahmen und Rückmeldung auf unterschiedlichen Stufen innerhalb der Gruppengesellschaften.*
- *Begleitung der Mitarbeitenden als wichtiger Erfolgsfaktor (Hauptelemente der kulturellen Veränderung sind Flexibilität, Mobilität und Eigenverantwortung).*
- *Nachbearbeitung der Veränderungsmassnahmen – im Sinne der Reflexion der Ergebnisse („Footprints"/Change-Monitoring und Messung der Mitarbeitendenzufriedenheit) zur Ableitung allfälliger Folgemassnahmen – sowie Weiterentwicklung der Firmenkultur im Einklang mit dem Leitbild und den Zielen von Swisscom.*

Funktion	Aufgaben
Changemanager	• Initialisiert die Changeaktivitäten • Baut die Unterstützung vor Ort auf (zus. mit SPOC) • Involviert und informiert das Management vor Ort • Plant die Massnahmen • Koordiniert die Aktivitäten mit Espace Roll Out Team und COM • Stellt die Umsetzung der Massnahmen sicher • Macht das Monitoring und die Auswertung der Massnahmen
SPOC	• Aufbau und Koordination der Unterstützung vor Ort • Organisation und Koordination der Massnahmen/Aktivitäten vor Ort • Setzt die Massnahmen um (zus. mit den anderen Beteiligten) • Ist Schnittstelle zum Bereichs-Management
Change Team vor Ort (Premise Manager, Vertreter der OEs, von HR,etc.	• Information und Koordination der Aktivitäten vor Ort mit Change Manager und SPOC • hilft die Massnahmen umzusetzen
Linien Management vor Ort	• Informiert und involviert seine Teamleader / Mitarbeitenden • Vertritt die Ideen und geht mit guten Beispiel voran • Unterstützt den SPOC und die anderen Beteiligten bei der Umsetzung der Massnahmen

Abbildung 23: Aufgabenverteilung

Changemanagement-Konzept

Das Changemanagement-Konzept zeigt Erfolgsfaktoren sowie Schlüsselelemente als Themen (Issues) auf. Weiterhin enthält es das integrierte Kommunikationskonzept.

Erfolgsfaktoren und Schlüsselelemente

- *Einbezug von Mitarbeitenden in den Veränderungsprozess*
- *Changemanagement von Projektbeginn an involvieren*
- *Einbindung von Führungsverantwortlichen, welche im Projekt als Multiplikatoren wirken, muss ebenfalls frühzeitig erfolgen*
- *Kommunikation über eine Veränderung beginnt früher als die Veränderung selbst und endet auch später*
- *Damit die Veränderungsbereitschaft und die Akzeptanz vor der Umsetzung vorhanden sind, sind Inhalte und Ziele frühzeitig zu kommunizieren*
- *Gut strukturierte und gesteuerte Changekommunikation macht die Betroffenen zu Beteiligten*
- *Aktives und überzeugendes Changemanagement hilft, die Identifikation mit den neuen Arbeitsformen zu steigern*
- *Das Konzept zeigt auf, wie die Themen angegangen, die Rollen und Verantwortlichkeiten gegliedert und die Changemanagement-Umsetzung gelöst werden*

Kommunikationskonzept

- *Konsistente Inhalte werden nach interner oder externer Ausrichtung differenziert: Hauptbotschaften (modernes Arbeiten, Kosten, Zusammenführen von Gebäuden) und Nebenbotschaften (Nachhaltigkeit, moderne Informationstechnologie, Green IT).*
- *Die Kommunikation erfolgt stets in integraler Abstimmung auf das Gesamtkonzept (Konzerninformation oder am lokalen Standort) und phasengerecht in mehrstufigen Schritten (Initialkommunikation, kontinuierlicher Ausbau Intranet, lokale Informationsanlässe mit visuellen Präsentationsmitteln).*
- *Die Kommunikation knüpft an das Vorwissen und die bisherige Kommunikation an.*
- *Eingängige Orientierungsstrukturen („Storyline") und die Festlegung der Tonalität erhöhen den Vermittlungserfolg.*
- *Die Kommunikationsmassnahmen nutzen unterschiedliche Kanäle (Intranet, Change-Agents, Informationsveranstaltungen bei Führungskräften und Mitarbeitenden, Gebäudebesichtigungen u. a.).*
- *Vor der Erstkommunikation werden externe Parteien in enger Abstimmung mit Media Relations-, Public- und Community-Affairs informiert (Eigentümer und lokale Verwaltung).*

Umsetzung

Der Masterplan des Programmes Espace 2 sieht eine phasenweise Vorgehensweise vor. Nach Evaluation der komplexen Sachverhalte einer Portfolio- und Standortoptimierung werden dem Steering-Komitee und dem Konzernmanagement die Beschlussvorlagen vorgelegt und die möglichen Optionen auf Basis vergleichbarer Parameter aufgezeigt. Die Beschlussvorlage wird als umfassender Business-Case abgebildet, welcher alle investitionsabhängigen Konsequenzen berücksichtigt. Die Projektanträge werden für jeden Standort separat gestellt.

Zu diesem Zeitpunkt ist die in ständigem Wandel begriffene Bedarfssituation der Gruppengesellschaften stets aktualisiert. Gleichzeitig werden Flächenoptimierungen analysiert und die Evaluation der Hauptstandorte wird durchgeführt. Eine Vorauswahl von relevanten Zielobjekten wird in Hinsicht auf eine etwaige zukünftige Nutzung detailliert begutachtet und für eine potenzielle Anmietung am Markt durch geeignete Massnahmen bereits gesichert. Die vorbereitenden Aktivitäten gehen bis in die Tiefe von Mobiliar- und Umzugsstrategien. Nach Freigabe eines Standortantrages wird die Planung des Zielobjekts weiterverfolgt, die Umzugsplanung bis zum Bezug konkretisiert.

Die Komplexität des Vorgehens wird durch die zeitlich versetzte Behandlung der regionalen Standorte erhöht. Während an einem Standort bereits der Gebäudebezug durchgeführt wird, wird für einen anderen Standort die Beschlussvorlage erarbeitet. Der zeitliche Versatz bietet den Vorteil, durch die gesammelten Erfahrungen eine laufende Optimierung der Prozesse vorzunehmen.

Parallel zu allen Vorgängen finden Aktivitäten von Changemanagement und Kommunikation statt. Die Entscheidungsgremien und die Nutzerschaft sind auf Managementebene in den wichtigen Einzelheiten von Beginn an stets im Bilde. Die Mitarbeitenden sind ebenfalls über die grundlegenden Aktivitäten und den Programmstand informiert. Da neben der offiziellen generell auf allen Ebenen stets eine informelle Kommunikation stattfindet, baut eine proaktive Kommunikation einer unkontrollierten Informationslage vor.

Die Projektsteuerung des Changemanagements sieht folgende Projektphasen vor:

Strategische Planung (Kennenlernen, Planen)

- *Erstkontakt und vertiefte Vernetzung mit den Vertretern der Gruppengesellschaften*
- *Sensibilisierung des Managements für die kritischen Themen (Kontext, Standortevaluation, Umzug, Büroarbeitsplatzkonzept, Flächenoptimierung und Desk-Sharing, Inhalte zur modernen Arbeitswelt, Kultur- und Organisationswandel, Changemanagement-Prozess, Risiken, Handlungsunterstützung und Werkzeuge)*
- *Identifizierung der Change-Agents (SPOC) und Einbezug der operativen Immobilienmanager vor Ort (Premises Manager)*

Taktische Planung (Informieren, Vertraut machen, gemeinsames Erarbeiten)

- *Informieren über konkrete Umsetzungsplanungen (Mitarbeiterveranstaltungen)*
- *Begleitung der Datenerhebung und Belegungsplanung (gemeinsame Belegungsplanung)*
- *Kommunikation und Einbezug aller Betroffenen*

Operative Umsetzung (Problemen vorbeugen oder Probleme lösen, Vorbereiten, Lernen, Mobilisieren)

- *Begleitung der Umzugsplanung und Koordination*
- *Information über den Umzug an die betroffenen Mitarbeitenden (Vorbereitungsworkshops) …*
- *… und das Management (Verhaltenstraining in neuer Führungssituation)*
- *Stichprobenartige Ermittlung der emotionalen und faktischen Aufnahme durch die Betroffenen mittels repräsentativer Interviews („Deep Dives")*
- *Change-Monitoring und Messung der Zufriedenheit bis zum Projektabschluss*
- *Festliche Informations- und Umzugsveranstaltung*

1
Auftauen

2
Verändern

- *Umzug und Einrichtung der neuen Arbeitsplätze (Erfahren)*
- *Begrüssung am neuen Standort*
- *Betreuung und Information bei Bezug des neuen Gebäudes oder der neuen Flächen*
- *Vermittlung der Spielregeln am Arbeitsplatz und Ergonomieschulung*
- *Präsenz zeigen und Probleme aufgreifen (Trouble Shooting)*

Optimierung nach Bezug und Review (neue Erfahrungen verarbeiten und verankern)

- *Input sammeln aus Betreuung und Feedback*
- *Erfahrungsaustausch mit Management …*
- *… und Mitarbeitenden*
- *Auswerten der Feedbacks und des Monitorings*

Zwischenfazit

Zum gegenwärtigen Zeitpunkt liegen bei den einzelnen Standorten sehr unterschiedliche Entwicklungsfortschritte vor. Daher können bestenfalls einige erste Erfahrungen in einem vorläufigen Zwischenfazit zusammengefasst werden. Für eine Bewertung des Projekterfolges ist der Abschluss des Projektes abzuwarten.

Nach den vorhergehenden Erfahrungen mit ähnlichen Vorhaben bestätigt sich, dass die strategische Planung umso wirksamer wird, je intensiver die operative Umsetzung durch Changemanagement-Aktivitäten von Human Ressources und der Kommunikation begleitet wird. Neben einer optimalen Planung und intensiven Umsetzung empfiehlt es sich, für unvorhersehbare Umstände stets eine Reserve einzuplanen. Das Changemanagement braucht nicht in jeden Abschnitt im Lead zu stehen und hat nicht in Breite und Tiefe in alle Aktivitäten involviert zu sein. Das Engagement sollte jedoch in jedem Fall über eine bedarfsweise Aktivität hinausgehen und proaktive Züge tragen. In jedem Fall sollte das Changemanagement stets auch in direktem Kontakt informiert und sehr präsent sein. Eine aktive Rolle erfordert sicherlich eine beträchtliche Ressourcenbereitstellung. Diese trägt aber eine strategisch sehr wirksame Bedeutung im Gesamtzusammenhang und für den Projekterfolg.

Im Projektalltag kommt es vor, dass:

- Mitarbeiter nominell benannt sind, aber in den Projektmeetings nicht auftauchen;
- Arbeitspakete von verschiedenen Personen parallel oder gar nicht bearbeitet werden;
- Zulieferungen nicht rechtzeitig erfolgen, weil der Betroffene keine Zeit für das Projekt hatte;
- Personen mit den falschen Kompetenzen eingesetzt sind, weil das Arbeitspaket nicht klar war;
- Entscheidungen nicht gefällt oder in vielfachen Gremien diskutiert und revidiert werden;
- wichtige Informationen nicht an alle beteiligten Schnittstellen weitergegeben werden;
- etc.

Um diese zeit- und kostenfressenden Fallen zu vermeiden, ist die interne Klärung von Rollen und Verantwortlichkeiten wichtig, bevor es losgeht! Wenn dies nicht klar ist, kann das Projekt nicht zum Erfolg führen.

Projektzusammensetzung: Projektleiter, Mitglieder ...

- Kriterien für Auswahl der Mitglieder: Wen brauche ich, um das Gesamtziel zu erreichen?
  - o aus Kompetenzsicht
  - o aus politischer Sicht
  - o aus Ressourcensicht
- Kernteam: Verantwortlichkeiten klären (z. B. Project Office, Sparringspartner für Teilprojektleiter, Rollenverteilung)
- Aufsetzen Teilprojekte
- Anteil Arbeitszeit für Projektteammitglieder (x Tage/Woche)
- Einsatz mit Linienvorgesetzten absprechen
- Wie wird gearbeitet? Zeitrahmen, Räumlichkeiten, Ausstattung ...
- Gremien und Entscheider
- Kommunikationswege, Meetingstruktur (Jour fixe)
- Meilensteine und Projektplan
- Spielregeln der Zusammenarbeit im Projekt (Formulare, Arbeitsweise, Eskalation)

Die vorstehend genannten Aspekte sollten daher unbedingt in einem Workshop mit allen Projektbeteiligten definiert werden.

In einem Office-Changeprojekt sind dies üblicherweise:

- Projektleitung
- Real Estate
- Bau
- IT
- Change

- Flächenplaner
- Umzugsverantwortlicher
- HR
- Unternehmens-
  kommunikation

Gerade die beiden Letztgenannten werden in diesen Projekten oft zu spät oder gar nicht einbezogen. HR sollte jedoch frühzeitig wegen Themen wie z. B. Mitarbeiter- und Führungskräfteschulung einbezogen werden. Etablierte HR-Instrumente können dann für den weiteren Veränderungsprozess genutzt werden. Auch Themen wie das Arbeiten von zu Hause, aus dem Starbucks Café oder vom Kunden aus verlangen eine unbedingte Einbindung von HR, da hierfür in der Regel Betriebsvereinbarungen geschlossen oder angepasst werden müssen. Die Abstimmung mit der Unternehmenskommunikation ermöglicht es, auf bereits geplante Kommunikationsveranstaltungen aufzusetzen und zu klären, welche Kommunikationsmedien üblicherweise im Unternehmen eingesetzt werden. Ausserdem ist es gerade für den Changeprozess wichtig, die Schnittstelle und die Verantwortungsbereiche von Changeexperte und Unternehmenskommunikation sauber zu definieren.

Die Rolle des Veränderungsmanagers im Projekt

Um der Bedeutung des Veränderungsmanagements Rechnung zu tragen, ist es wichtig, dass ein Changeexperte in das Projektteam integriert wird. Dieser Changeexperte sollte über entsprechende Erfahrungen in der Konzeption und Steuerung von Veränderungsprozessen aufweisen. Er erstellt die Changemanagement-Roadmap und verantwortet die Durchführung der einzelnen Changeaktivitäten. Er behält Veränderungsbereitschaft und Stimmungslage der Beteiligten im Blick und reagiert darauf durch das Aufsetzen von entsprechenden Kommunikationsaktivitäten und ggf. dem Anpassen der Change-Roadmap. Er fungiert hierbei als Schnittstelle zwischen den Nutzern auf allen hierarchischen Ebenen und dem Projektteam. Er arbeitet eng mit der Unternehmenskommunikation und den HR sowie auch mit dem Planer und dem Projektleiter zusammen, um alle Changeaktivitäten mit den Planungsschritten zu verzahnen und auf die Meilensteine im Projekt auszurichten.

Oft stellt sich hierbei die Frage, ob man hierfür einen internen oder einen externen Changeexperten einsetzen sollte.

Gründe für einen **internen** Changeexperten:

- kennt interne Strukturen und übliche Kommunikationswege;
- hat leichten Zugriff auf interne Ressourcen/Ansprechpartner;
- geniesst im Idealfall hohe Akzeptanz;
- kennt „heisse Themen" aus vergangenen Veränderungsprozessen.

Gründe für einen **externen** Changeexperten:

- keine Betriebsblindheit;
- Know-how/Erfahrung aus vergleichbaren Projekten;
- fachliche Expertise sowohl im Changemanagement als auch im Office Planning, kann den Planungsprozess mit dem Changeprozess verknüpfen;
- hohe Glaubwürdigkeit in Diskussionen über die Arbeitswelten von morgen;
- kann als Advocatus Diaboli fungieren und entlastet damit interne Funktionen.

Nach unserer Erfahrung ist es ein bewährtes Modell, wenn ein externer Change-experte den Prozess verantwortlich steuert, hierbei jedoch eng mit einem internen Changeansprechpartner zusammenarbeitet, um dadurch das interne Know-how und die bestehenden Strukturen im Unternehmen bestmöglich zu nutzen.

Neben der Projektstruktur ist es darüber hinaus wichtig, klare Strukturen und Gremien aufseiten des betroffenen Geschäftsbereiches zu schaffen.

Projektsponsor

Angesiedelt möglichst auf höchster Führungsebene der beteiligten Geschäfts-bereiche. Gibt Vision und Ziele vor und tritt als Promotor im Veränderungs-prozess auf.

Entscheidungsboard

In diesem fällen die entscheidungsbefugten Führungskräfte der beteiligten Ge-schäftsbereiche zusammen mit den Experten aus dem Projektteam grundsätz-liche Entscheidungen.

Führungskräfte

Als Treiber der Veränderung in ihren Teams.
Neben den Führungskräften sind auch deren Assistenten eine wichtige An-spruchsgruppe, die im Changeprozess berücksichtigt werden sollten. Sie dienen oft als Anlaufstelle im Team, wirken nicht selten meinungsbildend und repräsen-tieren die Ziele der Führungskraft im Team.
Näheres zur Rolle der Führungskraft findet sich in Kapitel 4.5.

Change-Agent-Board

In diesem treffen sich die Change-Agents regelmässig, tauschen sich aus, spiegeln die Stimmungslage und das Feedback wider. Ausserdem kann es als Gremium genutzt werden für Entscheidungen, die das Entscheidungsboard an die Mitarbeiter delegiert.

Fachliche Ansprechpartner

In manchen Projekten gibt es darüber hinaus weitere Ansprechpartner auf Nutzerseite, die in den Prozess eingebunden und informiert werden müssen. Darunter können z. B. fallen Umzugskoordinatoren, IT-Koordinatoren, Datenschutzbeauftragter, Archivierungsbeauftragter etc.

4.4 Beachtung von Widerstand auf allen Ebenen

Erfahrung	Gedanken	Muster

Beispiel: Die Beachtung von Widerstand und Ambivalenzen an einem Flexible-Office-Projekt
Frank Schirmer und Mira-Alexandra Luzens

Die Einführung des Flexible Office mit dem Desk-Sharing-Prinzip und der Voice-over-IP-Technik erforderte zwar von den betroffenen Mitarbeitern verschiedene Verhaltensmodifikationen, sie räumte ihnen jedoch auch mehr Freiheiten in der planerischen Gestaltung ihrer Arbeitstätigkeit ein. So können beispielsweise Räumlichkeiten (zu Hause, beim Kunden, beim Projektpartner) nun freier gewählt und somit besser auf die zu erledigenden Tätigkeiten abgestimmt werden. Das Flexible Office stärkt als zeitgemässe Büroorganisation auf diese Weise die Eigenverantwortung der Mitarbeiter und ermöglicht über eine Flexibilisierung des Arbeitsortes die Optimierung der Arbeitsabläufe.
Nach der strategischen Entscheidung der Abteilungsleitung, das Flexible-Office-Projekt schnellstmöglich zu realisieren, wurde ein spezielles Projektteam aus Vertretern des beteiligten Bereiches und einer externen Unternehmensberatung eingerichtet. Diese führten zunächst eine ausführliche Analyse zur Ausgangssituation des Standortes durch, in die auch die Erwartungen, Einwände und Ängste der Betroffenen einflossen.

Im weiteren Verlauf der Vorbereitungsphase wurden sehr stark umfassende Informationen für das Projekt Flexible Office geboten, um Mitarbeiter zu gewinnen. Deshalb wurde auch eine spezielle Projekthomepage für das firmeninterne Intranet erstellt, auf der sich Mitarbeiter in der Folgezeit über getroffene Entscheidungen, den Prozessablauf und spezifische Ansprechpartner zu Fragen und Problemen informieren konnten. Ausserdem fanden vorbereitende Workshops statt, während derer interessierte Mitarbeiter ihre Fragen und Befürchtungen bzw. Hoffnungen im Zusammenhang mit der organisatorischen Veränderung zur Diskussion stellen konnten. Um auch wirklich alle Betroffenen zu erreichen, wurde zusätzlich im Vorfeld der Umbauarbeiten an einem zentralen Standort ein Informationsmarkt eingerichtet, auf dem die Mitarbeiter aktuelle News erhielten.

Mithilfe speziell entwickelter Indikatoren wurden bei allen Befragten die drei Widerstandskomponenten erfasst und somit ihre kognitive Einschätzung, ihre Gefühlslage und ihre Aktivierung zu einer entsprechenden Handlung im organisatorischen Veränderungsprozess bestimmt. Die Ergebnisse der Befragung stützen die Vermutung, dass sich Widerstand mehrdimensional interpretieren lässt, mit einer kognitiven, einer affektiven und einer konativen Widerstandskomponente.

In dem untersuchten Veränderungsprojekt „Flexible Office" wiesen zwei der elf befragten Führungskräfte reine Akzeptanz, acht Personen Ambivalenz und eine Person reinen Widerstand auf. Die Stärke der Ambivalenz variierte dabei sowohl von Person zu Person als auch im Zeitablauf des Projektes.

Der überwiegende Teil der befragten Mitarbeiter erwartete von dem Flexible-Office-Projekt bereits im Vorfeld der Veränderung positive Wirkungen für den wirtschaftlichen Erfolg. Die Betroffenen schätzten das Veränderungsvorhaben als eine organisatorische Massnahme ein, die bestehende Probleme – insbesondere die zu hohen Flächenkosten – lösen kann, und akzeptierten sie somit vernunftmässig. Dies wurde z. B. durch folgende Aussage deutlich: „Aufgrund der wirtschaftlichen Situation war allen klar, Kosten müssen gespart werden, und auf diese Weise Kosten zu sparen, ist sicherlich ein besserer Weg, als weiter Personal abzubauen."

Im Gegensatz zur kognitiven Komponente war die affektive Ebene zunächst durch mehr Widerstand geprägt. Anfängliche Skepsis über die Veränderung war relativ häufig anzutreffen (fünf von elf) und äusserte sich z. B. in folgender Anmerkung: „Natürlich gibt man Altbekanntes nicht gerne auf. Da schliesse ich mich nicht aus." Einige Führungskräfte verspürten im Vorfeld der Massnahme Angst und Unsicherheit, die vor allem auf drei Gründe zurückzuführen war:

- *Missverständnisse durch mangelnde oder fehlende Informationen,*
- *ungenügende Einbeziehung von Belangen der einzelnen Abteilungen und*
- *Verlustängste.*

Auf konativer Ebene (Handlungsbereitschaft) wurde in den Interviews offensichtlich, dass es nicht gelungen war, die Führungskräfte insbesondere dafür zu motivieren, das Projekt in seiner Vorbereitungszeit aktiv zu unterstützen und als Multiplikatoren zu wirken. Passivität und Desinteresse äusserten sich im Projektverlauf vor allem durch ein geringes Interesse seitens der Führungskräfte, ihre Meinung und Einwände in den Projektverlauf einzubringen oder das Projekt mit Mitarbeitern zu diskutieren. Aussagen, die dies unterstreichen, sind z. B.: „Ich habe mich aus Diskussionen weitestgehend rausgehalten, denn immer nur alles rauf und runter zu diskutieren, bringt ja auch nichts." Oder: „Ich habe mich nicht gross um das Projekt gekümmert, habe mich da eher rausgehalten."

(Quelle: Schirmer und Luzens 2003)

| Erfahrung | **Gedanken** | Muster |

„Mach ma mal", *„Schaun wir mal"* oder auch *„Wir müssen"* sind Einstellungen, die jedes Projekt in die Stagnation, Resignation führen und zum Scheitern bringen. Es gilt eine Einstellung zu erzeugen, die heisst: *„Wir wollen"*.

Veränderungen erfordern deshalb ein prozessorientiertes Projektmanagement.

- Zuerst die Neugier wecken = Phase 1
- Themen verdichten = Phase 2
- Entscheidungen vorbereiten = Phase 3

Ein weiter Weg beginnt mit der Initialzündung. Den ersten Schritt sollte man nicht so gross wählen. Besser als radikal alles mit einem Schritt verändern zu wollen (viele Reengineering-Projekte sind daran gescheitert) ist es, kleine Schritte zu wählen, aber diese dann auch zu gehen. Zwar sollte man das grosse Ziel schon von Beginn an im Auge haben, aber sich für jeden Schritt Wegmarken und Wegweiser zurechtgelegt haben.

Zuerst die Mitarbeiter informieren:

- Kenntnis „in die Augen/Ohren";

dann die Mitarbeiter überzeugen, Verständnis erreichen:

- Verstehen „in den Kopf".

In einem dritten Schritt muss es dann gelingen, dass sie die Veränderung, das Neue übernehmen in ihre Arbeitsweise, ihre Arbeitstechnik anpassen, ... Erst der emotionale Schritt garantiert das Gelingen:

- Akzeptieren „ins Herz".

Konkret bedeutet dies:

- regelmässige, ehrliche Kommunikation über verschiedene Medien und verschiedene Träger;
- Konsistenz in der Kommunikation durch verschiedene Medien und unterschiedliche Beteiligte;
- Einbindung der betroffenen Mitarbeiter auf allen hierarchischen Ebenen;
- Kommunikation der gemeinsamen Vision und der Ziele, offene Kommunikation der Treiber für die Veränderung, Erläuterung des Warum;
- gemeinsames Problembewusstsein setzt neue Kräfte frei, reisst mit und schafft die Voraussetzung für Bewegung;
- Abbau von Skepsis durch Darlegung „harter Fakten".

Hinweis

*Oft wird in der Veränderungskommunikation der Fehler begangen, dass die Neu-
erungen dem Mitarbeiter verkauft werden sollen. Menschen sind extrem sensibel,
wenn sie bemerken, dass etwas schöngeredet wird. Es ist wichtig, dass neben
den Vorteilen auch Herausforderungen, Veränderungen oder negative Seiten
einer Veränderung dargestellt werden. Ein Vertrauensverlust durch unglaubwür-
dige Kommunikation lässt sich nur schwer wieder einfangen. Achten Sie darauf,
dass es nicht zu einem „Overselling"-Effekt kommt. Sicherlich kennen Sie Beispiele, in denen Ihnen ein Verkäufer sein Produkt extrem positiv dargestellt hat. In
der Regel reagiert man dann eher skeptisch und sucht den Haken. Es fällt meist
leichter, eine Veränderung positiv zu betrachten, wenn es Ihnen selbst obliegt,
die Vor- und Nachteile abzuwägen und eine eigene Bewertung vorzunehmen.*

„Alles in Deckung, neue Idee von oben." Gegen einen Wandel, eine grundsätz-
liche Veränderung im Unternehmen, sollte eigentlich erst mal gar nichts sprechen.
Schliesslich muss man sich weiterentwickeln, um konkurrenzfähig zu bleiben.
Aber auf viele Mitarbeiter wirkt der Begriff wie ein rotes Tuch. Sie finden, dass
die Changemanager jedem Trend nachrennen und Bewährtes sinnlos opfern.
Daher reagieren sie zunächst zynisch auf Veränderungen.

Widerstand ist erst dann vollständig abgebaut, wenn die vernunftmässige Ein-
sicht durch positive Wertschätzung und gleichzeitige Handlungsbereitschaft geprägt ist und insofern Denken, Fühlen und Handeln gleichgerichtet sind.

Neben einer transparenten und ehrlichen Kommunikation, welche keine überzo-
genen Erwartungen weckt, ist es wichtig, den Beteiligten Gestaltungsmöglichkeiten zu geben. Der Veränderungsprozess sollte als beeinflussbar erlebt werden.

Der Mensch ist es heute gewohnt, dass er auf die Dinge Einfluss nehmen kann.
Smartphones, Autos, Computer, Webseiten und viele weitere Dinge im Alltag
können heutzutage in hohem Masse an den individuellen Bedarf angepasst
werden. Entsprechend steigt auch die Erwartungshaltung an die Einbindung
heutiger Veränderungsprozesse.

Bei zu wenig Einbindung oder Einbindung bei nicht als relevant empfundenen
Themen besteht die Gefahr, dass das **„Not-invented-here"-Syndrom** auftritt.
Dieses Syndrom beschreibt die Reaktion der Mitarbeiter, wenn sie ein „fertiges
Produkt" (wie z. B. das fertige Bürokonzept) übernehmen müssen. Es kommt
hierbei zu Akzeptanzproblemen. Im besten Fall bearbeiten die Mitarbeiter die
vorgegebene Lösung nach und verleihen ihm damit eine eigene „Duftmarke",
die der Intention der Unternehmensleitung oft nicht entspricht. Im schlechtesten

Fall werden die Mitarbeiter versuchen, zu beweisen, dass die vorgegebene Lösung nicht funktioniert, weil „nicht sein kann, was nicht sein darf" (Doppler & Lauterburg 2008, S. 105).

Hinweis

Es ist wichtig, von Anfang an zu klären, welchen Grad an Einfluss die Beteiligten auf den verschiedenen Ebenen ausüben können.
Welche Entscheidungsfreiheiten werden an das mittlere Management, welche an die Change-Agents und welche an die Mitarbeiter delegiert? Nichts ist schädlicher, als wenn in Bezug auf die Mitbestimmungsmöglichkeiten in blumiger Kommunikation falsche Erwartungen geweckt werden, die später nicht erfüllt werden können.
Sind die Freiheitsgrade in der Mitbestimmung z. B. aus zeitlichen oder finanziellen Gründen gering, ist es ratsamer, dies offen zu kommunizieren, als „Alibi-Abstimmungen" über die Farbe von Sesseln oder die Muster der Tapeten zu initiieren. Gerade bei Konzepten, die vom Mitarbeiter eher kritisch betrachtet werden, können solche Abstimmungen lächerlich wirken. Auch ist es nicht ratsam, als einzige Massnahme eine Wunschbox zu öffnen und z. B. die Mitarbeiter in Workshops zu fragen, was sie sich alles wünschen. Dabei können falsche Erwartungen geweckt werden und der einzelne Mitarbeiter erkennt seine Idee ggf. nicht wieder.

Es bleibt jedoch zu sagen, dass Einbindung und Delegation von relevanten Entscheidungen zwei der effektivsten Mittel im Veränderungsprozess sind, welche die Akzeptanz und Zufriedenheit in hohem Masse beeinflussen.

Damit diese erfolgskritischen Interventionen korrekt aufgesetzt werden, empfiehlt es sich, folgende Fragen zu beachten:

- Welche Entscheidungen werden vom Mitarbeiter als relevant und wichtig erachtet, bei welchen Entscheidungen möchte er mitreden?
- Welche Entscheidungen können aus zeitlichen, strukturellen, qualitativen und monetären Gründen delegiert werden?
- Sind die Mitarbeiter im Hinblick auf die angedachte Entscheidung kompetent oder würden sie sich überfordert fühlen?
- Ist der Entscheidungsprozess (Abstimmung in Teammeetings, Abstimmung über eine Online-Umfrage, Abstimmung in einer Townhall, Abstimmung über die Change-Agents etc.) definiert und zu Ende gedacht?
- Ist sichergestellt, dass alle angebotenen Entscheidungsalternativen implementiert werden können?
- Erkennt der Mitarbeiter im fertigen Konzept seine Wahl wieder?

4.5 Die Rolle der Führungskraft

Erfahrung	Gedanken	Muster

Erfahrungsbericht: Wie haben Sie die grossen sogenannten Strukturumzüge persönlich erlebt?,
Ludwig Lommer, Munich RE

Aufgrund der vom Unternehmen angestossenen tief greifenden Strukturänderungen waren in dem angegebenen Zeitraum rund 4.500 Umzüge (grösserer und kleinerer Art) notwendig. Dies trotz der Tatsache, dass wir „nur" eine Belegschaftsstärke von rund 3.500 Mitarbeiter hatten.
Dies macht deutlich, dass — nachdem doch einige Abteilungen unbehelligt geblieben sind — eine ganze Reihe von Mitarbeitern „zwischengelagert" wurde und somit einen zweiten Umzug in Kauf nehmen musste.

Diese Problematik zeigt, dass als Vorbereitung für dieses Projekt der Kommunikation höchste Priorität gegeben werden musste. Dies ist auf allen Ebenen geschehen. Sowohl Vorstand als auch HR haben hier um Verständnis geworben. Nicht minder wichtig war natürlich auch, den BR allumfassend hier einzubinden und zu informieren. Dies hat uns sicherlich viele Fragen und Klagen aus der Belegschaft erspart, weil der BR hier informativ und, wie ich glaube, um Verständnis werbend mitgeholfen hat, die Mitarbeiter „ruhig zu stellen".

Auch das separate Zugehen auf die Bereichs- und Abteilungsleiter hat sich bewährt. Wir haben in diesen Gesprächen zum einen die Gründe für unser Konzept/Programm dargestellt, zum anderen den Führungskräften zur Diskussion oder zur Einbringung von Anregungen Raum gegeben und sie damit auch gewonnen, die Konzepte bzw. unsere Vorstellungen gegenüber ihren Mitarbeitern ausreichend erläutern zu können und notwendige Überzeugungsarbeit zu leisten.

Während des Projekts haben die in meinem Bereich zuständigen Mitarbeiter engen Kontakt zu den uns gegenüber benannten „Umzugskoordinatoren" gehalten und somit auf kurzem und schnellem Wege Informationen ausgetauscht, Probleme beseitigt usw.

Wichtig in der Nachbearbeitung des Projekts war eine Begehung, bei der zum einen Mängel gesehen wurden, zum andern auch nochmals argumentativ und emotional gegenüber den Mitarbeitern „nachgearbeitet" werden konnte.

Wichtig war dabei auch, machbare Wünsche nach Veränderung, soweit möglich, zu erfüllen (manchmal ging es ja nur um die Platzierung eines bestimmten Möbels an einer bestimmten Stelle). Eine zügige und sachgerechte Veränderung dieser Zusagen ist dann obendrein auch noch wichtig, um wieder eine gewisse Zufriedenheit der Mitarbeiter zu erreichen. Wenn dies gelingt, auch wenn sich dies in vertretbar höheren Kosten niederschlägt, dann wird ein solches Projekt auch für das Unternehmen insgesamt gesehen zum Erfolg und wiegt etwas höhere Kosten sicherlich mehr als auf.

Alles in allem glaube ich, ist uns das gut gelungen, zumindest was die Nachvollziehbarkeit von manchmal auch unbequemen Massnahmen zeigt.

Interview dazu mit einem Betroffenen

Frage: Wie haben Sie die grossen sogenannten Strukturumzüge persönlich erlebt?

Antwort: Insgesamt gesehen würde ich mir ein bisschen weniger an „Bewegung" wünschen. In den letzten Jahren hat eine Reihe von Veränderungen stattgefunden. Man kommt gar nicht mehr so recht zur Ruhe.

Frage: Nachdem nun diese Umzugsaktivitäten unverzichtbar waren, wie haben Sie diese persönlich und konkret erlebt?

Antwort: Mir schien eine sehr umfangreiche Planung der Verantwortlichen vorausgegangen zu sein. Das hat sich dann auch gut bewährt. Gewünscht hätte ich mir eine rechtzeitige Info über die wesentlichen Eckpunkte und speziell über die mich betreffenden Vorgänge – zumal, wie ich weiss, die Führungskräfte unseres Bereichs sehr frühzeitig diese Infos bekamen. Die dann notwendigen Nachfragen hätte man sich ersparen können. Warum muss man immer erst bitten?

Frage: Wurden Sie denn zu den beschlossenen Umzügen zu Ihrer Meinung gefragt?

Antwort: Nein. Dies halte ich aber auch nicht für nötig, weil dies auf strategischer Ebene erfolgen muss. Vielleicht hätte man zumindest auf Abteilungsebene Bedürfnisse und Erfahrungen intensiver und rechtzeitiger abfragen können.

Frage: Der Umzug selbst: gut und professionell?

Antwort: Ja, da sind unsere Umzugs-Profis ja mittlerweile sehr erfahren. Mir persönlich „turnen" zwar hier immer noch zu viele Leute herum, um alles für uns so schnell und professionell wie möglich zu machen. Ob wir immer – und zwar mit diesem Aufwand – so perfekt sein müssen, haben andere zu entscheiden.

Frage: Zumindest für diese Strukturumzüge war ja noch das Prinzip „Zellenbüro" gesetzt, was sich für den Bezug der nächsten neuen Gebäude voraussichtlich „aufweichen" wird. Würden Sie persönlich gerne in einem „offenen" Büro arbeiten wollen?

Antwort: Dazu müsste ich erst ein entsprechendes Konzept vermittelt bekommen, um abwägen zu können, ob dies für mich Vorteile bietet. Grundsätzlich will ich es nicht ausschliessen.

Danke für das Gespräch.

Erfahrung   **Gedanken**   Muster

Eine wichtige Voraussetzung für ein gutes Gelingen des Changemanagements ist die Offenheit der Führung. Changemanagement ist in erster Linie Führungsaufgabe, daher ist Führung die entscheidende Ressource im Veränderungsmanagement. Führungskräften kommt bei allen Veränderungsprojekten eine besondere Vorbildfunktion zu. Sie müssen Promotoren des räumlichen und strukturellen Veränderungsprozesses sein. Sie sollten ihren Mitarbeitern Anleitung, Sicherheit, aber auch Unterstützung sein, in dem sie regelmässig in den Dialog treten und ein offenes Ohr für die Fragen und Sorgen ihrer Mitarbeiter haben.

Insbesondere nach Einzug in das neue Konzept kann es zu Verhaltensunsicherheiten und Fragen bei den Mitarbeitern kommen. Der Führungskraft obliegt es, diese Themen offen zu besprechen und die Mitarbeiter individuell zu beraten. Es ist wichtig, dass die Führungskraft als Vorbild agiert, Verhaltensänderungen honoriert, für die Einhaltung der vereinbarten Spielregeln sorgt und gemeinsame Erfolge mit dem Team feiert.

Die Praxis zeigt jedoch häufig, dass es eine grosse Diskrepanz zwischen Soll und Ist gibt.

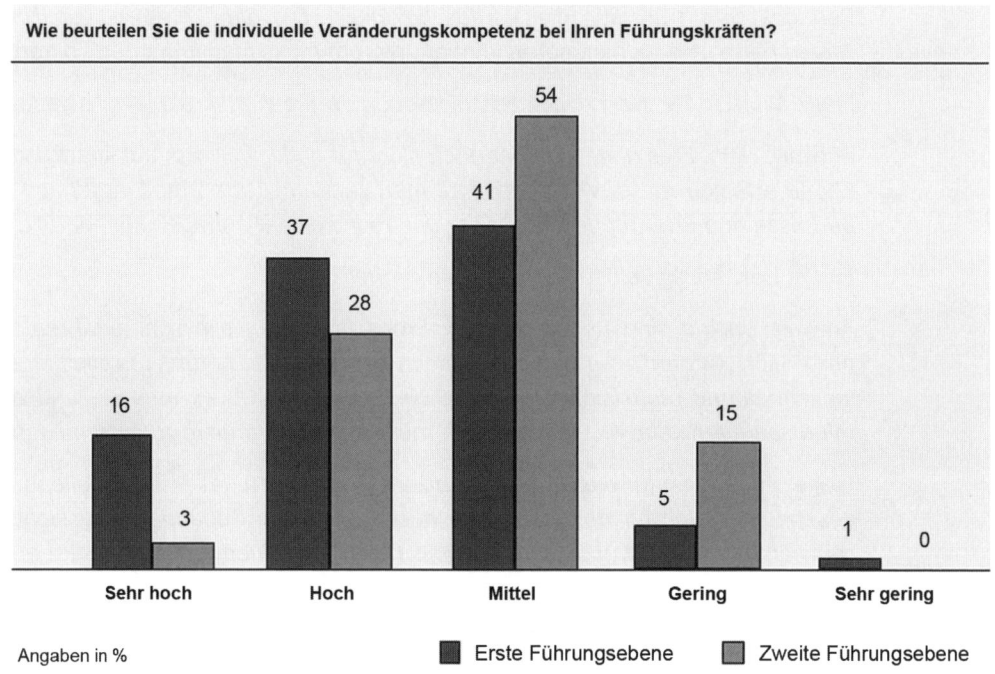

Wie beurteilen Sie die individuelle Veränderungskompetenz bei Ihren Führungskräften?

Angaben in %   ■ Erste Führungsebene   ■ Zweite Führungsebene

**Abbildung 24: Veränderungskompetenz nach Führungsebene
(Quelle: Capgemini Consulting 2010)**

Eine Studie von Capgemini belegt, dass die Veränderungskompetenz („Können") der ersten Führungsebene von den Befragten eher hoch eingeschätzt wird, der entsprechende Wert für die zweite Führungsebene liegt jedoch mit weniger als einem Drittel deutlich darunter (Capgemini Consulting 2010).

Hinsichtlich der Veränderungsbereitschaft („Wollen") ist der Unterschied von der ersten zur zweiten Führungsebene noch markanter.

Diese Studien zeigen, dass es explizit forciert und trainiert werden muss, dass die Führungskräfte bei Veränderungen Initiative ergreifen, Mut zu Veränderungen haben und diese auch leben. Der erste Schritt beginnt bei sich selbst. Die entscheidende Frage aber ist: Was kann **ich** als Führungskraft beitragen? Nicht: Wie kann ich die Projektleitung unterstützen. Die Führungskraft führt, auch bei Veränderungen.

Folgende Fragen sollte sich jede Führungskraft bei Veränderungsprojekten stellen.

(siehe MUSTER Handout für Führungskräfte).

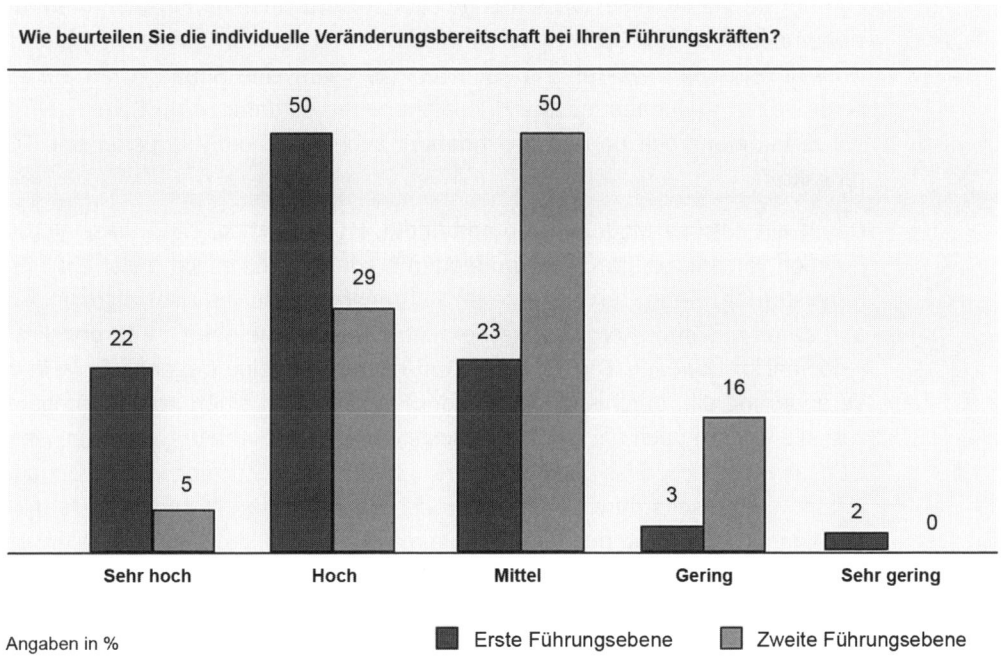

Abbildung 25: Veränderungsbereitschaft nach Führungsebene
(Quelle: Capgemini Consulting 2010)

Die Führungskraft ist in Veränderungsprojekten dann erfolgreich, wenn sie:

- eine tragfähige Vision entwickelt hat (erfolgreiche Visionäre können Visionen in Ziele übersetzen und verfolgen diese konsequent) und mithilfe von Bildern, symbolischen Handlungen und in knapper sprachlicher Form kommuniziert;
- rechtzeitig, umfassend und glaubhaft informiert;
- im Dialog überzeugt;
- die Mitarbeiter in Entscheidungs- und Umsetzungsprozesse einbezieht;
- aus Betroffenen Beteiligte macht;
- die Mitarbeiter für die veränderten Herausforderungen qualifiziert;
- mehr Zeit und damit Zuwendung den „Gewinnern" der Veränderung als den „Verlierern" widmet;
- menschlich und fair mit den „Verlierern" umgeht;
- Sicherheit zeigt und die Veränderung lebt;
- die stabilen Elemente und Werte im Wandel betont;
- gemeinsam mit allen Beteiligten die Erfolge feiert.

Doch nicht nur während des Changemanagement-Prozesses kommt der Führungskraft eine entscheidende Rolle zu. Ein Bestandteil vieler neuer Bürokonzepte ist es, dass sichtbare Hierarchien und Statussymbole abgebaut werden. Führungskräfte geben in diesem Zuge als Vorbildfunktion ihr Einzelbüro auf und ziehen selbst in den Open Space, näher zu ihren Teams. Dies ist natürlich sowohl für die Führungskraft als auch für das Team eine Situation, an die sich beide Seiten gewöhnen müssen. Vielleicht bedarf es dafür neuer Spielregeln für die Zusammenarbeit und Ansprechbarkeit auch zwischen Mitarbeiter und Führungskraft.

Damit ein solches Modell Akzeptanz findet, ist es wichtig, dass diese Vorbildfunktion von allen hierarchischen Ebenen erfüllt wird. Es stösst meist auf wenig Begeisterung, wenn nur die unteren Führungsebenen aus dem eigenen Büro und damit aus ihrer Komfortzone heraustreten, sich die oberen Führungskräfte jedoch nicht bewegen. Die Führungskraft nimmt zwar eine tragende Rolle in der Veränderung ein, durchläuft dabei jedoch selbst auch einen Veränderungsprozess. Es werden auch bei ihr Sorgen, Ängste und Unsicherheiten auftreten. Daher ist es massgeblich, dass auch die Führungskräfte Unterstützung in ihrer Situation erfahren: einerseits durch ihre nächsthöhere Führungskraft, andererseits durch Training und Coaching aus dem Changemanagement-Projektteam, idealerweise unterstützt durch die HR-Abteilung.

Der Umzug in ein neues Bürokonzept und die damit verbundene Mobilisierung der Mitarbeiter hat aber auch aufgrund eines weiteren Aspekts einen Einfluss auf das Führungsverhalten. Oftmals werden im Zuge der Implementierung moderner Bürolandschaften auch Themen wie das flexible Arbeiten von zu Hause, am Flughafen, in der Bahn oder dem plakativen Beispiel des Starbucks-Cafés forciert. Dies führt dazu, dass Teams nicht mehr täglich in den gleichen Büros zusammensitzen, sondern verteilt in der Etage, im Gebäude oder sogar irgendwo ausserhalb des Gebäudes arbeiten. Das Arbeiten wird mehr und mehr unabhängig von Ort und Zeit. Führungsmethoden, die auf Sicht, Kontrolle und Anwesenheit basieren, werden in diesen Szenarien nicht mehr funktionieren.

In logischer Konsequenz sollte ein Wandel der Führungskultur weg von Kontrolle, Status und Macht hin zu mehr Vertrauen und „Leadership" erfolgen. Natürlich liegt kein Automatismus dahinter, dass eine neue Bürolandschaft und mobile Technologien eingeführt werden und damit die Führungskräfte ihr Führungsverhalten verändern. Die Implementierung neuer Arbeitsweisen ist aber eine Chance, diese Themen aufzugreifen, in den Dialog zu treten und bisherige Führungsverhaltensweisen zu überdenken. Auch dafür sollten entsprechende, begleitende Trainings oder Coachings für die Vorbereitung auf das Führen von verteilten Teams und Teamworkshops angeboten werden.

In dieser Betrachtung wird offensichtlich, dass der Office-Changemanagement-Prozess für die Führungskräfte eine echte Herausforderung darstellen kann. Gerade das mittlere Management befindet sich oft in der berühmten „Sandwichposition" zwischen mannigfaltigen Ansprüchen von Mitarbeitern, seiner Führungskraft und dem Projektteam. Meist ist es auch noch durch die Aufgabe des eignen Büros und gleichzeitig als direkter Ansprechpartner für das Team am stärksten von der Veränderung betroffen. Es sollte entsprechend sensibel in den Veränderungsprozess eingebunden, gehört und unterstützt werden.

| Erfahrung | Gedanken | **Muster** |

Handout für Führungskräfte

- Wie muss ich den Kommunikationsprozess mit allen meinen Partnern gestalten?
- Wie lässt sich eine zukunftsorientierte Einstellung bei mir und anderen erzeugen?
- Wie lässt sich die persönliche Veränderungsbereitschaft steigern?
- Veränderung der Organisation beginnt bei jedem Einzelnen.
- Was sind erfolgreiche Handlungen/Massnahmen des Einzelnen und der gesamten Organisation?
- Offenheit – Informationen – Empowerment – Vertrauen und Rückmeldung
- Wie gehe ich mit eigenen Ängsten und eigenen oder fremden Barrieren um?
- Wie kann ich Barrieren bewältigen/einreissen, vor allem im eigenen Kopf?
- Welche Wege finde ich, der Komplexität der Arbeitsorganisation zu begegnen?
- Wie kann ich meine Probleme und Barrieren sichtbar machen?
- Wie gelingt es, dass meine Widersprüche zur Weiterentwicklung der Organisation beitragen?
- Wie öffne ich mich für den Wandel?
- Wie mache ich als Führungskraft aus Mitarbeitern Teilhaber des Veränderungsprozesses?
- Wie gelingt es mir, Macht loszulassen und Verantwortung zu übernehmen? – Wie entscheide ich, was in welcher Situation passt? – Was passt zu meiner Persönlichkeit?
- Wie gelingt es mir, von Althergebrachtem, Vertrautem und Sicherem abzulassen?
- Wie gelange ich zu mehr innerer Gelassenheit und Unabhängigkeit?
- Was muss gegeben sein, damit ich Veränderung als Herausforderung meines Lebens sehe?
- Wie steigere ich meine individuelle Unabhängigkeit, meinen Handlungsspielraum in der Organisation?
- Wie schaffe ich eine Win-win-Situation, damit wir alle gewinnen?
- Wie übernehme ich erfolgreich die Bestandteile der neuen Organisationskultur in meine persönliche Zielbildung?
- Wie strukturiere und begleite ich erfolgreich den Veränderungsprozess?

4.6 Den Erfolg messen

| **Erfahrung** | Gedanken · | Muster |

Erfahrungsbericht: Umzug in die Edmund-Rumpler-Strasse – vom Zellenbüro in Open Space,
Mathias Brandt, LH Bundeswehr Bekleidungsgesellschaft mbH

Die LH Bundeswehr Bekleidungsgesellschaft mbH wollte mit dem Umzug in einen Neubau ein neues Bürokonzept mit modernen zukunftsorientierten Raumstrukturen (Open Space = offene Bürolandschaft, Einzelbüros, Think-Tanks, Besprechungsräume, Kommunikations- und Rekreationsecken) realisieren.

Im Rahmen einer wissenschaftlichen Begleitung des Projektes wurde von iafob Deutschland eine Messung der Projektziele, Effekte, Mitarbeiterakzeptanz und des Changemanagement-Programms durchgeführt. Die wissenschaftliche Begleitung war dabei ein Instrument im Rahmen des Veränderungsprozesses zur Vorbereitung und Information der Mitarbeiter und diente der Begleitung und Vorbereitung der Führungskräfte und Mitarbeiter auf die neue Arbeitswelt.

Zum Zeitpunkt der Befragung war ein Teil der Mitarbeiter bereits in die neu gestalteten Büros eingezogen, der überwiegende Teil der Mitarbeiter hatte den Umzug noch vor sich. Ein Stockwerk war schon bezogen und entsprechend realisiert worden. Vor dem Umzug der weiteren Mitarbeiter in die restlichen drei Stockwerke sollte durch eine Evaluierung mittels Befragung der bereits in der neuen Raumstruktur arbeitenden Mitarbeiter eine Bewertung z. B. bezüglich Arbeitsprozesse, Lärmbelastung am Arbeitsplatz, Klima, Beleuchtung, Kommunikation und Zufriedenheit vorgenommen werden.

Durch diese Befragungsergebnisse wurde ein zusätzlicher Informationsstand bei den Mitarbeitern, die noch nicht umgezogen waren, erreicht.
Weiter sollten durch Befragung und Workshops für Führungskräfte und Mitarbeiter, die noch nicht umgezogen waren, die Wünsche und Vorstellungen erfasst und damit die Akzeptanz für das neue Büroumfeld erhöht werden.

Der Workshop für Führungskräfte sollte diese auf die neue Büroform vorbereiten. Zielsetzungen des Workshops waren:

- *Abbau von durch Informationsunsicherheit verursachten Widerständen;*
- *Commitment der Führungskräfte zu ihrem neuen Arbeitsort und Arbeitsplatz;*
- *Erstellen von Spielregeln und Guidelines für das „neue Büro".*

Dazu wurde insbesondere auf die Rolle der Führungskräfte in einem solchen Veränderungsprozess eingegangen. Die Hintergründe aller Aspekte des Konzeptes wurden vermittelt und die Herausforderungen der Umstellung besprochen.

Die Veränderungen der Führungsstruktur, die durch die veränderten Bürostrukturen hervorgerufen werden, und die Vorteile in Form von Entlastungen des Führungsalltags wurden aufgezeigt. Es wurden Befürchtungen besprochen, mögliche Lösungswege herausgearbeitet, und die Rolle der Führungskräfte vor, während und nach dem Umzug dargestellt.

Im Workshop für Mitarbeiter ging es um folgende Zielsetzungen:

- *Abbau von Unsicherheit bezüglich der neuen Arbeitswelt;*
- *Herausarbeitung von Erwartungen (Förderung der Teamarbeit etc.) und Befürchtungen (Änderung der persönlichen Arbeitsorganisation etc.) an das neue Arbeitsumfeld;*
- *Was müssen wir an unserem derzeitigen Verhalten nach dem Umzug verändern?*
- *Erstellen von Spielregeln und Guidelines für das „neue Büro" und Harmonisierung mit den Spielregeln der Führungskräfte.*

Die Befragung nach dem Umzug hinsichtlich des Erfolgs des Changemanagement-Programms ergab, dass die Projektleitung die Mitarbeiter gut informiert, auf die neue Bürogestaltung vorbereitet und einbezogen hat. Es zeigte sich eine hohe Zufriedenheit mit den Massnahmen und Informationen der Projektleitung. 67 % der Befragten fühlten sich gut informiert oder beteiligt. Die Tabelle zeigt einen Ausschnitt der Fragen und die Bewertungen der Mitarbeiter. Auch positiv zu werten ist, dass die Rücklaufquote der Online-Befragung bei 81 % lag.

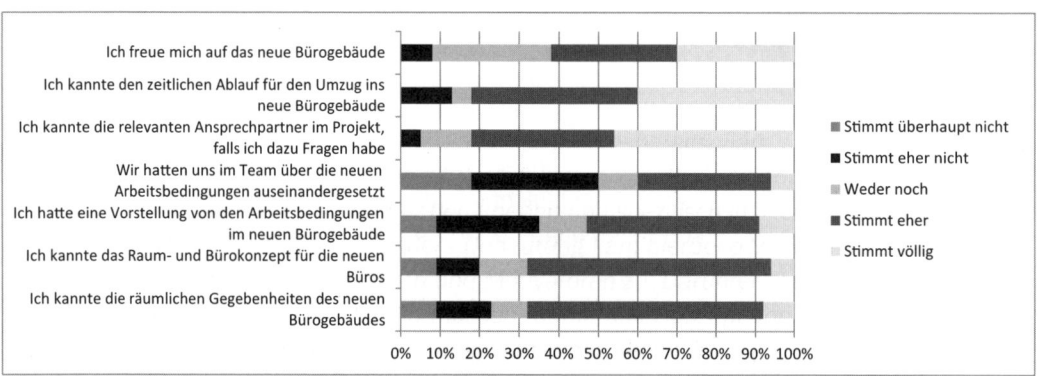

Abbildung 26: Ergebnisse der Befragung nach dem Einzug

Auch Verbesserungspotenzial wurde aufgezeigt. Auf die Frage „Was hätten Sie sich gewünscht, um noch besser über das neue Bürokonzept informiert zu sein?" gab es folgende Antworten:

- *Mehr Informationen zum Aussehen des Arbeitsplatzes. Es war nicht klar, wie gross die Abstände zum gegenüberliegenden bzw. nächsten AP wirklich sind.*
- *Eindeutige Informationen über das Konzept: Durch mündliche Weitergabe über mehrere Personen ging viel Information verloren – das Konzept erschliesst sich nicht im ganzen Gebäude.*
- *Regelmässigere Newsletter und Fotos, um den Bau des Gebäudes verfolgen zu können.*

Erfahrung	**Gedanken**	Muster

Veränderungsmanagement ist dann erfolgreich, wenn es sowohl den Reifegrad des Unternehmens als auch den persönlichen Reifegrad der Mitarbeiter und Führungskräfte bei der Steuerung von Veränderungsmanagementaktivitäten berücksichtigt. Insbesondere neuartige, herausfordernde Vorhaben, wie z. B. Flexible-Office-Projekte, verlangen ein spezielles Wissen über die Dynamik von Veränderungsprozessen. Denn in der Regel lassen sich diese durch Routineverfahren- und -verhaltensweisen nicht steuern.

Ein weitverbreiteter Irrtum liegt darin, dass der Changemanagement-Prozess nach dem Einzug endet. Ein erfolgreiches Changemanagement räumt auch der Nachbearbeitungsphase drei bis sechs Monate ein.

Hierbei sind verschiedene Phasen zu unterscheiden:

- In der ersten Woche nach dem Einzug:
  Es ist wichtig, den Einzug durch die entsprechenden Experten und klar definierte Ansprechpartner vor Ort begleiten zu lassen (z. B. IT, Telefonie, Ergonomieberater, Facility Manager). Wichtig ist, dass in den ersten Tagen schnelle Abhilfe bei kleinen Problemen geschaffen wird, damit der Einzug in die neuen Arbeitswelten nicht durch diese eher technischen Probleme getrübt wird. Die Ansprechpartner sollten dokumentieren, welche Mängel und Beschwerden aufgetreten sind; auch darin besteht ein Teil der Erfolgsmessung. Der Einzug bietet sich auch dafür an, die neue gemeinsame Heimat gemeinsam zu feiern. Idealerweise tritt hier der Projektsponsor auf, begrüsst seine Mitarbeiter und skizziert die gemeinsamen Schritte in der neuen Arbeitswelt. Für einen ersten Pulscheck bietet es sich an, während dieser Feier oder während der ersten Tage kurze Videobotschaften oder Zitate zu sammeln, die den ersten Eindruck der Mitarbeiter widerspiegeln.

- 3–6 Wochen nach Einzug:

  Wenn die Umzugs- und Nacharbeiten beendet sind, bietet es sich an, erste Feedback-Meetings mit den Führungskräften oder Change-Agents durchzuführen, um den Changeprozess zu reflektieren und erste Erfahrungen mit dem neuen Arbeitsplatzkonzept zu teilen. In diesem Rahmen bietet es sich auch an, z. B. gemeinsam definierte Spielregeln zu hinterfragen, bei Bedarf anzupassen und Möglichkeiten für die Regeleinhaltung zu reflektieren. Wenn die Veränderung nach dem Einzug plötzlich greifbar wird, treten oft noch einmal neue Fragen auf. Es lohnt sich, auch in der neuen Fläche mit den Mitarbeitern in einem Workshop noch einmal konkret darüber zu sprechen, wie man zukünftige Prozesse, Verhaltensweisen und die Zusammenarbeit verändern möchte. Den Mitarbeitern fällt dies im neuen Arbeitsplatzkonzept oft leichter, weil man nicht mehr anhand von Plänen und Bildern eher auf einem theoretischen Modell basierend diskutiert und noch viele Unsicherheiten bestehen, sondern im konkreten Umfeld.

- 3–6 Monate nach dem Einzug:

  Wurde die unter 4.2 beschriebene Analyse der Ausgangssituation durchgeführt, bietet es sich an, im Rahmen der Nachbefragung die gleichen Dimensionen zu wählen, um die Veränderungen vorher/nachher zu messen.

  Die Nachbefragung ist eine gute Möglichkeit, um den Grad der Zielerfüllung zu messen. Wurden die Ziele inklusive der Zielerreichungsindikatoren vorab klar formuliert, kann man diese in die Nachbefragung einfliessen lassen. Gerade auch die Veränderungen von weichen Faktoren, wie z. B. Identifikation, Zufriedenheit, kulturelle Veränderungen, Zusammenarbeit etc. brauchen Zeit. Es ist daher sinnvoll, die Messung dieser Faktoren erst nach drei bis sechs Monaten durchzuführen, weil sich erst dann die neuen Verhaltensweisen zu stabilisieren beginnen. Im Übrigen hat die frühe Ankündigung einer solchen Nachbefragung auch einen positiven Effekt auf die Akzeptanz der Veränderungen. Kann man zu Beginn des Projektes in Aussicht stellen, dass die kommunizierten Ziele und Vorteile im Nachgang des Projektes in einer Nachbefragung gemessen werden, erhöht dies die Glaubwürdigkeit.

  Qualitativ hochwertiges Changemanagement misst in dieser Nachbefragung natürlich auch den Erfolg der Changeaktivitäten und der Kommunikation. Die Mitarbeiter haben Sie von der Veränderung überzeugt und sie sind für Veränderung gewonnen, wenn sie in einer Befragung sagen, dass die Ziele bekannt waren und sie sich gut informiert fühlten. Wenn diese beiden Fragen hoch bewertet werden, werden auch alle anderen Aspekte der Veränderung positiv gesehen.

(siehe MUSTER Befragung nach dem Erfolg der Changemanagement-Massnahmen).

Hinweis

Wenn man eine Nachbefragung durchführt, werden in der Regel auch Schwächen des Konzeptes transparent. Es sollte vorher mit dem Projektteam geklärt werden, wie man mit diesen Schwächen umgeht und welches Budget vorhanden ist, um Nachbesserungen in Angriff zu nehmen. Können keine Veränderungen am Konzept vorgenommen werden, besteht die Gefahr, dass die Nachbefragung schnell als Alibiveranstaltung wahrgenommen wird.

Befragung nach dem Erfolg der Changemanagement-Massnahmen

	Inwieweit stimmen die folgenden Aussagen für Ihren Informationsstand zum neuen Bürokonzept?	stimmt eher nicht	weder noch	stimmt völlig
1	Ich kannte die Ziele des neuen Bürokonzepts.	O	O	O
2	Ich kannte die räumlichen Gegebenheiten des neuen Bürogebäudes.	O	O	O
3	Ich kannte das Raum- und Bürokonzept für die neuen Büros.	O	O	O
4	Ich wusste, wie wir zukünftig arbeiten werden.	O	O	O
5	Ich fühlte mich über den Stand des Projektes hinreichend informiert.	O	O	O
6	Ich hatte eine Vorstellung von den Arbeitsbedingungen im neuen Bürogebäude.	O	O	O
7	Wir hatten uns im Team über die neuen Arbeitsbedingungen auseinandergesetzt.	O	O	O
8	Ich kannte die relevanten Ansprechpartner im Projekt, falls ich Fragen dazu gehabt hätte.	O	O	O
9	Ich konnte mich bzgl. der neuen Arbeitsplatzgestaltung hinreichend einbringen.	O	O	O
10	Ich kannte den zeitlichen Ablauf für den Umzug ins neue Bürogebäude.	O	O	O
11	Ich fühlte mich als Mitarbeitende/r im Projekt ausreichend vertreten.	O	O	O
12	Ich freute mich auf das neue Bürogebäude.	O	O	O

5

Unser Weckruf: Sei Teil der Veränderung!

„Change is always a threat when it is done to me, but it's an opportunity when it is done by me."
(Rosabeth Moss Kanter)

Auch der Wandel hat seinen Preis, Changemanagement braucht Zeit und kostet Geld. Aber Nichtveränderung kostet die Existenz.
Veränderungsmanagement geht nicht vom Schreibtisch aus, genauso wenig, wie sich mit Handbüchern Qualität erzeugen oder mit Richtlinien Verhalten ändern lässt. Wer verändern will, muss sich zum Teil des Geschehens machen. Wer verändern will, muss zu den Mitarbeitern, die es betrifft. Erst wenn es gelingt, sie zu erreichen und Begeisterung auszulösen, werden nachhaltige Veränderungen gelingen.

Die Menschen sind die Weichensteller für Veränderungen. Sie haben die Macht, Leben in ein neues Programm zu bringen.
Es ist jedoch kritisch anzumerken, dass das Bewusstsein der Potenziale und Möglichkeiten, die im Office-Changemanagement liegen, ein Umdenken der Unternehmen (weg von der reinen Kostenorientierung) erfordern würde.
Beurteilt man Changemanagement rein aus Kostenaspekten, so wird dies in der Praxis gerade im Zusammenhang bei der Implementierung neuer Arbeitswelten oft noch als „luxuriöses Händchenhalten" abgetan. Changemanagement wird dann maximal als Kommunikations- und Verkaufstaktik verstanden.

Eine solche Einstellung aber übersieht einen entscheidenden Faktor: Spricht man von der Implementierung neuer Bürokonzepte, geht es um mehr als nur einen Umzug. Es geht um das Erlernen nachhaltiger, wettbewerbsfähiger und effektiver Arbeitsweisen. Dieser Logik folgend handelt es sich bei den Kosten für das Changemanagement vielmehr um eine Investition.

Im Übrigen rentiert sich diese Investition in einen dialogischen Veränderungsprozess auch dadurch, dass Widerstände und Ängste abgebaut werden und Commitment aufgebaut wird, was sich wiederum positiv auf Motivation und Zufriedenheit der Mitarbeiter auswirkt. Diese Aspekte bei einer Kosten-Nutzen-Rechnung zu ignorieren, wäre schlichtweg irrational.

Leider ist dies aber in den Köpfen vieler Unternehmer noch nicht angekommen, die den Mitarbeiter im tayloristischen Sinne als Produktionsmittel begreifen. Oder, wie Hans Ottomann so treffend schrieb: „Der Büromensch steht im Mittelpunkt und damit allen im Wege" (Ottomann 2008, S. 56).

Es werden folglich noch intensive Diskussionen mit Anhängern und hartnäckigen Verfechtern der Shareholder-Value-Doktrin zu führen sein.

Aber vielleicht sind die Diskussionen über die aktuelle europäische Wirtschaftslage, über den „war for talents" oder über Krankheiten wie Burn-out bei dieser Entwicklung hilfreich. Vielleicht unterstützen sie insofern, als jetzt Gelder in die Hand genommen werden, um langfristige und nachhaltige Massnahmen zu ergreifen, um für künftige Krisen gerüstet zu sein. Vielleicht wird durch diese Diskussion das Selbstverständnis der Unternehmen infrage gestellt und das Selbstverständnis des Menschen in ein neues Licht gerückt. Dass sich dieser Wandel in der Zusammenarbeit, der Führung und der Unternehmenskultur widerspiegelt, wird – schon heute und in Zukunft – für eine Vielzahl von Unternehmen erfolgskritisch sein.

Ein weiterer Punkt, der hier abschliessend erwähnt sein soll, ist, dass ein neues Bürokonzept eine Chance bietet, eine Unternehmens- und Kulturveränderung sichtbar zu machen. Die räumliche Arbeitsumwelt spiegelt wie kaum ein anderes physisches Element Unternehmenskultur, Zusammenarbeit und Identität wider. Es braucht nicht erwähnt zu werden, dass allein durch die Veränderung der Arbeitsumwelt keine tief greifende Veränderung der Unternehmenskultur und keine Veränderung des Führungsverhaltens oder des Verhaltens der Mitarbeiter erzielt werden kann. Dies muss vor allem von der Unternehmensleitung forciert und in mannigfaltigen Strukturen implementiert werden. Das Bürokonzept kann jedoch als effektiver Katalysator und emotionaler Startpunkt für eine Veränderungsreise dienen, wenn es in einem iterativen Prozess unter Einbindung der verschiedenen Hierarchieebenen entwickelt und aus der Zielkultur abgeleitet wird.

Es ist schwer und schlichtweg einfach nicht sinnvoll, eine harte Grenze zwischen dem Office-Changemanagement und der Organisationsentwicklung zu ziehen. Letztendlich werden das bestmögliche Ergebnis und ein tief greifender Wandel nur dann erreicht, wenn diese beiden eng miteinander verzahnt werden. Und dies bedeutet in der Praxis vor allem eine engere Zusammenarbeit, nicht nur zwischen Real Estate und IT, sondern vor allem auch mit HR. Dazu müssen sowohl die HR- als auch die Real-Estate-Abteilungen bereit sein, ihre Kernaufgaben auszuweiten, aufeinander zuzugehen und gemeinsam zu versuchen, das Optimale aus Office-Projekten zu erreichen. Und zwar das Optimale für ihren gemeinsamen Kunden: den zukünftigen Nutzer des Bürokonzeptes! Diesen Weg geht seit einigen Jahren erfolgreich die Daimler AG. Die Vorgehensweise bei der Gestaltung der Arbeitsbürowelt berücksichtigt ganzheitlich die HR-, IT- und Facility-Management-Belange; jedes Büroprojekt ist unter einer gemeinsamen Führung (zitiert nach W. Baumeister, Daimler AG, 2012).

Mit den dargestellten Ergebnissen schliesst sich dieses Buch den Bemühungen an, Transparenz in den komplexen Prozess des Office-Changemanagements zu bringen. Im Endeffekt ist es ein Prozess, bei dem es um Menschen geht, das heisst, es gibt keine einzig richtige Lösung. Jede Organisation muss ihren eigenen Weg einschlagen und regelmässig anhand der Reaktionen der Beteiligten prüfen, ob der gewählte Weg noch der richtige ist.

Zusammenfassend kann man sagen, dass Office-Changemanagement ein wenig wie gärtnern ist. Es kommt darauf an, den Pflanzen die bestmöglichen Rahmenbedingungen zum Wachsen zu bieten. Als Gärtner gilt es dafür zu sorgen, dass alle Pflanzen genügend Wasser, Sonne und Nährstoffe erhalten und sie vor Unkraut und Schädlingen geschützt werden. Es gilt, ihnen Richtung zu geben, wenn sie auswuchern, und dafür zu sorgen, dass jede Pflanze genug Platz zum Wachsen hat.

Wie der Veränderungsprozess ist auch ein Garten nie fertig. Er verändert sich, es kommen neue Pflanzen dazu, es vergehen Pflanzen und er bedarf kontinuierlicher Pflege.

Und auch in einem weiteren Sinne lässt sich eine Vergleichbarkeit herstellen: Pflanzen wachsen auch nicht schneller, wenn man an ihnen zieht.

Kenndaten der Erfahrungsberichte

Statistische Angaben, die die Geschichte abrunden:

a) Erfahrungsbericht aus Kapitel 3.1

Umzug in die Schlüterstrasse,
Andreas Lindenstruth, STRABAG Property and Facility Services GmbH

Unternehmen

STRABAG Property and Facility Management GmbH

Projektbezeichnung (nicht klassische Projektdefinition, auch Einzelaktion, Routinemassnahmen)

Umzug in die Schlüterstrasse

1. Ziel des Projekts?

Wozu sollte das Projekt durchgeführt werden? Was sollte erreicht werden?
Welchen Beitrag soll das Projekt zu den Unternehmens-/Geschäftszielen leisten?

Flächenoptimierte Mietflächen mit einem neuen Bürokonzept

2. Anlass des Projekts

☐ Neubau   ☒ Umbau   ☒ Umzug   ☐ Umorganisation   ☐ Sonstige

3. Welche Mitarbeitergruppe war betroffen?

☐ Kaufleute   ☐ Techniker/Ingenieure   ☐ Naturwissenschaftler

☐ Personaler   ☒ alle Funktionen   ☐ Sonstige

4. Über welchen Zeitraum erstreckte sich das Projekt?

1,5 Jahre f. Planung u. Umbau

5. Welche Teamstruktur des Projektteams war vorhanden (Gremien)? Wer war eingebunden?

Niederlassungsleitung, Nutzervertreter, Betriebsrat, Planung, Baubereich, Changemanager

6. Welche Ausgangssituation war vorhanden?

   6.1 Was sollte/musste beibehalten werden?

   > Wachsende Personalzahl (keine Entlassungen), territoriale Arbeitsplätze

   6.2 Was sollte/musste verändert werden? (Mängel, Defizite, ...)

   > Transparente Büroformen, interaktives Arbeiten und Kommunizieren, Flexibilität für z. B. spontanes Zusammensetzen von Mitarbeitern in Projektteams, Flexibilität der Arbeitsstrukturen in der individuellen Sicht auf den Kunden

7. Welche Barrieren, Hürden, Tasks – vorhergesehene und unvorhergesehene – waren zu überwinden/zu bewältigen?

   > Werben für Akzeptanz der neuen Bürokonzepte bei den Beschäftigten, Unvorhergesehenes auf der Baustelle (z. B. Tragfähigkeiten der Decken, z. T. nur 2,5 KN/m², Brandschutz im denkmalgeschützten Gebäude) bewältigen, da der Einzugstermin fixiert war

8. Was hat sich beim Vorgehen bewährt? Jeweils 3 Nennungen

   8.1 als Vorbereitung vor dem Beginn des Projekts

   > Genaue bautechnische Kenntnis des neu zu beziehenden Gebäudes; 100-prozentige Rückendeckung der Niederlassungsleitung für die Umsetzung der Idee eines neuen Bürokonzeptes mit Business-Feng-Shui; Struktur und Benennung des Projektteams

   8.2 während des Projekts

   > Offene Kommunikation innerhalb des Projektteams, stetige offene Kommunikation mit Beschäftigten, Betriebsrat und Niederlassungsleitung; „100-prozentige Motivation für eine 100-prozentige" Einsatzbereitschaft aller Beteiligten durch die NLL und das Projektteam

   8.3 in der Nachbearbeitung des Projekts

   > Einhalten der Verhaltensregeln, wie Aufräumen des Arbeitsplatzes zum Feierabend, Pflege der Wasserobjekte und Pflanzen, keine eigenen Pflanzobjekte und Poster, Erfahrungsaustausch, Kritik ernst nehmen, Funktionalität prüfen

9. Effektivität: Sind die Ergebnisse erzielt worden, die erwartet wurden?
    Worin zeigte sich der Erfolg? Office Balanced Score Card

> 9.1 in Kosten

> > Mietflächenersparnis von 1.098 m² MF

> 9.2 in Zufriedenheit/Wohlbefinden (Befragungsergebnisse der Mitarbeiter)

> > 90 % der Beschäftigten fühlen sich sehr wohl und keiner möchte zurück in „die Zelle", neue Modelle und Projekte der Zusammenarbeit zwischen Abteilungen wurden von Mitarbeitern gesehen und umgesetzt

> 9.3 in Veränderungen (Prozesse, Ideen, Qualität, Führungskultur)

> > Prozesse entwickeln sich flexibel und transparent auf den jeweiligen Kunden ausgerichtet, Mitarbeiter sind daran stark beteiligt, die Qualität steigt durch die Motivation des Mitwirkens und des Austausches, stärkere Eigenreflexion der Führungskräfte durch Transparenz der Räume und Arbeitsweise der Mitarbeiter

> 9.4 in Imagegewinn (Ansehen bei Kunden, bei Recruiting-Aktionen)

> > Wir sind authentisch, wir zeigen und erfahren, was wir unserem Kunden anbieten. Unsere Büros sind Musterfläche für viele interessierte, neugierige Kunden. Regelmässige Vorträge und Führungen durch unsere Flächen mit potenziellen Kunden oder Netzwerkpartnern

Auszug Objekt Drehbahn, Hamburg

Objektkennzahlen:

Mietfläche: 5.747 m²
Reine Bürofläche (NF2): 3.424 m²
Arbeitsplätze: 192 AP
MF/AP: 29,9 m²/ AP
NF2/AP: ca. 17,8 m²

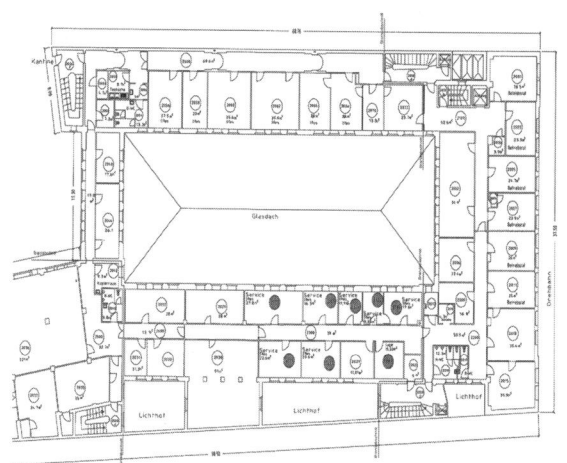

Einzug Objekt Schlüterstrasse, Hamburg

Objektkennzahlen:

Mietfläche: 4.649 m²
Reine Bürofläche (NF2): 2.507 m²
Arbeitsplätze: 230 AP
MF/AP: 20,2 m²
NF2/AP: 10,9 m²

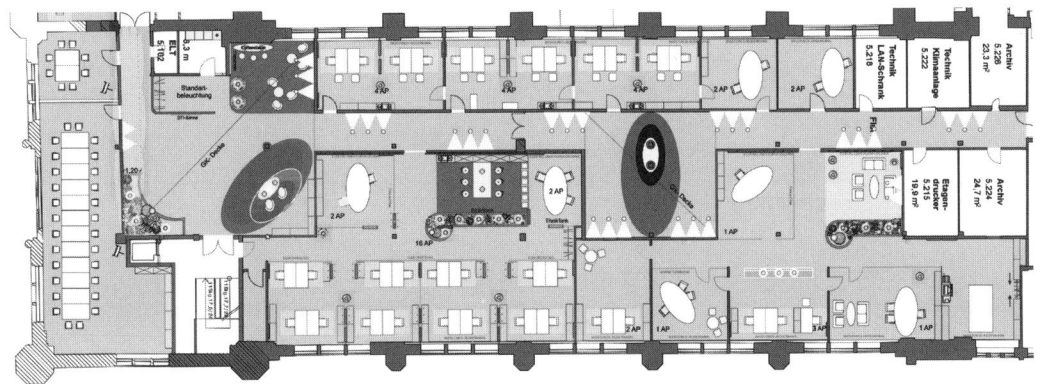

b) Erfahrungsbericht aus Kapitel 3.2

Projekt NEON/LITHIUM – die Neugestaltung des Rheniumhauses,
Thorsten Zwenzner, REHAU AG + Co *Co*

Unternehmen

Rehau

Projektbezeichnung

Neon

1. Anlass des Projekts

    ☐ Neubau ☒ Umbau ☒ Umzug ☒ Umorganisation ☐ Sonstige

2. Welche Mitarbeitergruppe war betroffen?

    ☒ Kaufleute ☐ Techniker/Ingenieure ☐ Naturwissenschaftler

    ☐ Personaler ☐ Sonstige

3. Über welchen Zeitraum erstreckte sich das Projekt?

ca. 1,5 Jahre

4. Was hat sich bewährt?

    4.1 als Vorbereitung vor dem Beginn des Projekts

Bedarfsanalyse/Information zum Planungsstand

    4.2 während des Projekts

laufende Info über den Projektfortschritt

    4.3 in der Nachbearbeitung des Projekts

Feedback-Loops/Nachbesserungen

5. Worin zeigt sich der Erfolg?

    5.1 in Kosten

    5.2 in Zufriedenheit – *X*

    5.3 in Veränderungen

6. Welches sind aus Ihrer Sicht absolut notwendige Massnahmen (Must) und wünschenswerte (Nice to have)?

	Must	Nice to have
Akustik, Beleuchtung, Klima	x	
Kommunikationsspielregeln	x	
Führungsleitlinien		x
Architektur	x	
Beteiligung der Mitarbeiter	x	
Einbindung des Betriebsrats		x
Sonstiges		
Sonstiges		

c) Erfahrungsbericht aus Kapitel 3.3

Umzug von der beliebten Nische in den unbeliebten Grossraum – die Story des Umzugs eines Standortes,
Tanja Stutz und Björn Sigl, T-Systems Schweiz AG

Unternehmen

> T-Systems Scheiz AG

Projektbezeichnung (nicht klassische Projektdefinition, auch Einzelaktion, Routinemassnahmen)

> T-One Balsberg

1. Ziel des Projekts?

Wozu sollte das Projekt durchgeführt werden? Was sollte erreicht werden?
Welchen Beitrag soll das Projekt zu den Unternehmens-/Geschäftszielen leisten?

> Verbesserung der Standortlokalität mit integrierten Möglichkeiten bzgl. Gebäudedienstleistungen sowie Erreichung des näheren Zusammenbringens der Mitarbeiter. Des Weiteren Durchsetzen des T-One-Office-Concepts. Kosteneinsparungen durch Flächenreduktion aufgrund des hohen Leerstandes.

2. Anlass des Projekts

☐ Neubau   ☐ Umbau   ☒ Umzug   ☐ Umorganisation   ☐ Sonstige

> Der bestehende Mietvertrag lief aus.

3. Welche Mitarbeitergruppe war betroffen?

☒ Kaufleute   ☒ Techniker/Ingenieure   ☐ Naturwissenschaftler

☒ Personaler   ☐ alle Funktionen   ☒ Sonstige

> Geschäftsleitung

4. Über welchen Zeitraum erstreckte sich das Projekt?

> Vorprojekt 1 Jahr, Umsetzung 3 Monate

5. Welche Teamstruktur des Projektteams war vorhanden (Gremien)? Wer war eingebunden?

- Steering-Board, vertreten durch Geschäftsleitung, Mitarbeitervertretung, Projektleiter
- Projektteam, vertreten durch die Abteilungen Facility-Management, Data-Center-Infrastruktur, Netzwerk
- Mitarbeiter, vertreten durch die Bereichsvertreter

6. Welche Ausgangssituation war vorhanden?

6.1 Was sollte/musste beibehalten werden?

- Teilübernahme bestehenden Mobiliars und Multifunktionsgeräte
- Teamstrukturen und das örtliche Zusammenbleiben der Teams
- Hierarchie ...! Einzel- oder Zweierbüros für die Geschäftsleitung

6.2 Was sollte/musste verändert werden? (Mängel, Defizite, ...)

- Arbeitsplatzauslastung – Einführung DeskSharing
- Kommunikation untereinander
- Vereinheitlichung sowie Verbesserung der Arbeitsplätze hinsichtlich Material und Ergonomie

7. Welche Barrieren, Hürden, Tasks – vorhergesehene und unvorhergesehene – waren zu überwinden/zu bewältigen?

- Die Mitarbeiter vom neuen Standort und dem neuen AP-Konzept zu überzeugen
- Aufgrund der zähen Vertragsverhandlungen mit der Verwaltung wurde das ganze Projekt etwas zeitkritisch und wir konnten relativ spät mit dem Ausbau beginnen.
- Die unhervorgesehenen Kosten in Bezug auf Einbau, Klima, Lüftung

8. Was hat sich beim Vorgehen bewährt? Jeweils 3 Nennungen

8.1 als Vorbereitung vor dem Beginn des Projekts

- Miteinbezug der GL und der Bereichsvertretungen
- An den eigenen Vorstellungen festzuhalten und sich nicht beirren zu lassen
- Abgestimmter Kriterienkatalog für Evaluation

8.2 während des Projekts

- Die richtigen Leute im Projektteam zu haben
- Beharrlichkeit und Zielstrebigkeit und der Glaube daran, dass man es schafft
- Die Anwesenheit vor Ort und die regelmässigen Überprüfungen der Baustelle
- Regelmässige, verschiedene Kommunikationsmedien benutzen

8.3 in der Nachbearbeitung des Projekts

- Inputs der Mitarbeiter ernst nehmen und nach Möglichkeit Verbesserungs-vorschläge umsetzen
- Schnittstellenbereinigung, Prozessverbesserungen
- Mitarbeiterumfrage frühestens 6 Monate nach Einzug

9. Effektivität: Sind die Ergebnisse erzielt worden, die erwartet wurden? Worin zeigte sich der Erfolg? Office Balanced Score Card

9.1 in Kosten

- Der Case konnte eingehalten werden und entsprechend werden Kosten gespart.

9.2 in Zufriedenheit/Wohlbefinden (Befragungsergebnisse der Mitarbeiter)

- Bis jetzt haben wir zwar noch keine Mitarbeiterbefragung gemacht, das Feedback ist jedoch in Bezug auf verbesserte Kommunikation und ergono-mische Gestaltung des Arbeitsplatzes positiv ausgefallen.

9.3 in Veränderungen (Prozesse, Ideen, Qualität, Führungskultur)

- Unsere Prozesse werden eingehalten und unsere Ideen bezüglich T-One-Office-Concept konnten umgesetzt werden. Auch die Qualität wurde einge-halten. Bezüglich Führungskultur – die wäre noch zu verbessern – vor allem beim Vorleben!

9.4 in Imagegewinn (Ansehen bei Kunden, bei Recruiting-Aktionen)

- Die neuen Räumlichkeiten selbst zeichnen sich durch das einheitliche, helle, strukturierte Erscheinungsbild aus. – Vorzeigemodell für Besucher.

10. Welches ist absolut notwendig (Must) und was wünschenswert (Nice to have) für nachhaltigen Erfolg, vor, während und nach dem Projekt? lessons learned

	Must	Nice to have
Ergonomie	x	
Akustik, Beleuchtung, Klima	x	
Design, Ambiente		x
Kommunikation	x	
Führungsleitlinien		x
Changemanagement	x	
Architektonische Gestaltung		x
Einbindung der Führungskräfte	x	
Beteiligung der Mitarbeiter	x	
Einbindung des Betriebsrats – haben wir nicht	x	

d) Erfahrungsbericht aus Kapitel 3.4

Das prozessorientierte Büro,
Hans Kurzknabe, Hettich Marketing- und Vertriebs GmbH & Co. KG

Unternehmen

Hettich

Projektbezeichnung   (nicht klassische Projektdefinition, auch Einzelaktion, Routinemassnahmen)

Prozessorientiertes Büro

1.   Ziel des Projekts?

Wozu sollte das Projekt durchgeführt werden? Was sollte erreicht werden?
Welchen Beitrag soll das Projekt zu den Unternehmens-/Geschäftszielen leisten?

Kernprozesse Entwicklung, Produktbereitstellung und Marketing/Vertrieb in einem Grossraumbüro abbilden. Zu einem späteren Zeitpunkt wurden noch die Bereiche Qualitätssicherung und Disposition integriert.

2.   Anlass des Projekts

☒ Neubau   ☐ Umbau   ☒ Umzug   ☐ Umorganisation   ☐ Sonstige

3.   Welche Mitarbeitergruppe war betroffen?

☒ Kaufleute   ☒ Techniker/Ingenieure   ☐ Naturwissenschaftler

☐ Personaler   ☐ alle Funktionen   ☐ Sonstige

4.   Über welchen Zeitraum erstreckte sich das Projekt?

1 Jahr (Bauphase)

5.   Welche Teamstruktur des Projektteams war vorhanden (Gremien)? Wer war eingebunden?

Entwicklung, Produktbereitstellung, Vertrieb

6. Welche Ausgangssituation war vorhanden?

6.1 Was sollte/musste beibehalten werden?

Enge Zusammenarbeit zwischen Vertrieb und Technik

6.2 Was sollte/musste verändert werden? (Mängel, Defizite, ...)

Räumliche Trennung wurde aufgehoben

7. Welche Barrieren, Hürden, Tasks – vorhergesehene und unvorhergesehene – waren zu überwinden/zu bewältigen?

Vorbehalte der Mitarbeiter aus den unterschiedlichen Bereichen
Grossraumbüro mit anfangs grosser Lautstärke und viel Unruhe
Überwachung durch Führungskräfte

8. Was hat sich beim Vorgehen bewährt? Jeweils 3 Nennungen

8.1 als Vorbereitung vor dem Beginn des Projekts

Bildung von Teams aus den unterschiedlichen Bereichen
Permanenter Informationsaustausch
Kommunikation über das Projekt

8.2 während des Projekts

Siehe oben

8.3 in der Nachbearbeitung des Projekts

Projekt hat die Mitarbeiter zusammengeschweisst und zur Teambildung bei-getragen
Vertrauen untereinander und gegenüber Führungskräften
Abbau von Vorurteilen

9. Effektivität: Sind die Ergebnisse erzielt worden, die erwartet wurden?
Worin zeigte sich der Erfolg? Office Balanced Score Card

9.1 in Kosten

Reduzierung der Facility-Kosten

9.2 in Zufriedenheit/Wohlbefinden (Befragungsergebnisse der Mitarbeiter)

Grundsätzlich zufrieden mit Projekt, aber nicht immer mit Klima, Geräusche und Luftfeuchtigkeit

9.3 in Veränderungen (Prozesse, Ideen, Qualität, Führungskultur)

> Hat Team zusammengebracht

9.4 in Imagegewinn (Ansehen bei Kunden, bei Recruiting-Aktionen)

> Kunden verstehen jetzt viel besser, wie wir arbeiten.
> Markenwerte Hettich können klarer gezeigt werden

10. Welches ist absolut notwendig (Must) und was wünschenswert (Nice to have) für nachhaltigen Erfolg, vor, während und nach dem Projekt? lessons learned

	Must	Nice to have
Ergonomie		
Akustik, Beleuchtung, Klima	x	
Design, Ambiente	x	
Kommunikation	x	
Führungsleitlinien		
Changemanagement	x	
Architektonische Gestaltung		
Einbindung der Führungskräfte	x	
Beteiligung der Mitarbeiter	x	
Einbinden des Betriebsrates		x

e) Erfahrungsbericht aus Kapitel 4.1

Auftraggeber-Zielvereinbarung zwischen Geschäftsleitung und Projektleitung, Rainer Triebwasser, Sparkasse Holstein

Unternehmen

Sparkasse Holstein

Projektbezeichnung   (nicht klassische Projektdefinition, auch Einzelaktion, Routinemassnahmen)

Flächenoptimierung Standort Eutin

1. Ziel des Projekts?

Wozu sollte das Projekt durchgeführt werden? Was sollte erreicht werden? Welchen Beitrag soll das Projekt zu den Unternehmens-/Geschäftszielen leisten?

Verringerung der Zentralstandorte mit folgenden Zielen: - Leerziehen und Abverkauf von Standorten   - Verbesserung der laufenden Kostensituation   - Zusammenführung eines Bereichs, der zuvor über mehrere Objekte verteilt war

2. Anlass des Projekts

☐ Neubau   ☐ Umbau   ☒ Umzug   ☐ Umorganisation   ☒ Sonstige

Systematisches Flächenmanagement

3. Welche Mitarbeitergruppe war betroffen?

☒ Kaufleute   ☐ Techniker/Ingenieure   ☐ Naturwissenschaftler

☐ Personaler   ☐ alle Funktionen   ☒ Sonstige

Personalrat

4. Über welchen Zeitraum erstreckte sich das Projekt?

Von 2010 (Machbarkeitsstudie) bis Mitte 2012 (Abschluss der Umsetzung)

5. Welche Teamstruktur des Projektteams war vorhanden (Gremien)? Wer war eingebunden?

- Vertragsmanagement   - Gebäudemanagement   - IT-Organisation

6. Welche Ausgangssituation war vorhanden?

   6.1 Was sollte/musste beibehalten werden?

> - Gute und produktive Arbeitsbedingungen vorhalten
> - Raumraster beibehalten (kein Versetzen von Trennwänden)
> - Bereiche sollten möglichst beisammen bleiben

   6.2 Was sollte/musste verändert werden? (Mängel, Defizite, ...)

> - Erzielung von Verkaufserlösen
> - Einsparung von Mietverträgen
> - Kosteneinsparung durch verkürzte Wegezeiten und einzusparende Kurierfahrten
> - Für den Standort Eutin eine Konzentration im Hauptstellenbereich erwirken

7. Welche Barrieren, Hürden, Tasks – vorhergesehene und unvorhergesehene – waren zu überwinden/zu bewältigen?

> - „Buschfunk" durch nicht simultane Kommunikation
> - Erhöhter Aufwand, um die Deutungshoheit für die Gesamtmaßnahme zurückzugewinnen
> - Zum Teil erhebliche gefühlte Betroffenheiten bei den beteiligten Mitarbeitern
> - Balanceakt für die Projektleitung zwischen Dienstleister- und Steuererfunktion

8. Was hat sich beim Vorgehen bewährt? Jeweils 3 Nennungen

   8.1 als Vorbereitung vor dem Beginn des Projekts

> - Klare Festlegung der Projektziele
> - Feste Rahmenparameter, die mit der Geschäftsleitung vereinbart waren
> - Kick-off-Gespräche von Führungskraft zu Führungskraft

   8.2 während des Projekts

> - Handlungsspielraum der betroffenen Bereiche bei der konkreten Ausgestaltung
> - „Kümmererprinzip"
> - Gemeinschaftlich genutzte Datenbank für Raumbücher

   8.3 in der Nachbearbeitung des Projekts

> - Steht noch aus

9. Effektivität: Sind die Ergebnisse erzielt worden, die erwartet wurden? Worin zeigte sich der Erfolg? Office Balanced Score Card

   9.1 in Kosten

Verbesserung der laufenden Kostensituation durch Leerziehen und Abverkauf von Gebäuden Verringerung der laufenden Kosten um T€ 165 p.a.

   9.2 in Zufriedenheit/Wohlbefinden (Befragungsergebnisse der Mitarbeiter)

Noch nicht erhoben

   9.3 in Veränderungen (Prozesse, Ideen, Qualität, Führungskultur)

- „Entschlackungsmaßnahmen" im Rahmen der Umzugstätigkeiten - Anpassungen innerhalb der Strukturen einzelner Teams – quasi „en passant"

   9.4 in Imagegewinn (Ansehen bei Kunden, bei Recruiting-Aktionen)

Noch keine Erkenntnisse

10. Welches ist absolut notwendig (Must) und was wünschenswert (Nice to have) für nachhaltigen Erfolg, vor, während und nach dem Projekt? lessons learned

	Must	Nice to have
Ergonomie		
Akustik, Beleuchtung, Klima (Beleuchtung: Must, Akustik, Klima: Nice to have)	x	x
Design, Ambiente		x
Kommunikation	x	
Führungsleitlinien		
Changemanagement	x	
Architektonische Gestaltung		x
Einbindung der Führungskräfte	x	
Beteiligung der Mitarbeiter	x	
Einbinden des Betriebsrates		x

f) Erfahrungsbericht aus Kapitel 4.2

Erfolgsfaktor Changemanagement –
Die richtigen Hebel identifizieren und das Potenzial der Organisation nutzen,
Jennifer Konkol, AECOM Deutschland GmbH

Unternehmen

AECOM Deutschland GmbH (vormals DEGW)

1. Ziel des Projekts?

Wozu sollte das Projekt durchgeführt werden? Was sollte erreicht werden?
Welchen Beitrag soll das Projekt zu den Unternehmens-/Geschäftszielen leisten?

Modernisierung des Gebäudes, Konsolidierung des Geschäftsbereiches, Flexibilisierung des Arbeitsplatzkonzeptes, Verbesserung der Kommunikation unter den Mitarbeitern

2. Anlass des Projekts

☐ Neubau   ☐ Umbau   ☒ Umzug   ☐ Umorganisation   ☐ Sonstige

Modernisierung und Umzug

3. Welche Mitarbeitergruppe war betroffen?

☒ Kaufleute   ☒ Techniker/Ingenieure   ☐ Naturwissenschaftler

☒ Personaler   ☐ alle Funktionen   ☒ Sonstige

HR

4. Über welchen Zeitraum erstreckte sich das Projekt?

12 Monate

5. Welche Teamstruktur des Projektteams war vorhanden (Gremien)? Wer war eingebunden?

Projektteam (Projektleiter, Projektmanager, Bau, IT, Kommunikation, Flächenplaner, FM-Dienstleister, CREM, Workplace-Strategy- und Changemanagement-Dienstleister), Lenkungsausschuss, Nutzervertreterausschuss, Sounding Board

6. Welche Ausgangssituation war vorhanden?

    6.1 Was sollte/musste beibehalten werden?

    > - Bestandsgebäude
    > - Betrieb des Gebäudes während der gesamten Umbauphase

    6.2 Was sollte/musste verändert werden? (Mängel, Defizite, ...)

    > - Einführung eines modernen Arbeitsplatzkonzeptes inkl. moderner Worksettings, nicht territoriale Arbeiten und Umzug des mittleren Managements von Einzelbüros in offene Strukturen
    > - Moderne Technologien wie VoIP und Cloud Desktops sollten eingeführt werden
    > - Insgesamt moderne Gebäudeinfrastruktur sollte geschaffen werden

7. Welche Barrieren, Hürden, Tasks – vorhergesehene und unvorhergesehene – waren zu überwinden/zu bewältigen?

    > - Parallel laufende interne Umstrukturierungen
    > - Modernisierung im laufenden Betrieb
    > - Einführung von Desk-Sharing-Konzepten
    > - Umzug des mittleren Managements von Einzelbüros in offene Strukturen

8. Was hat sich beim Vorgehen bewährt? Jeweils 3 Nennungen

    8.1 als Vorbereitung vor dem Beginn des Projekts

    > - Changemanagement-Assessment je Hierarchieebene und je Abteilung
    > - Erarbeitung eines IT- und Telefoniekonzeptes, welches nicht territoriales Arbeiten unterstützt

    8.2 während des Projekts

    > - Etablierung eines Changenetzwerks und Sounding Boards
    > - Mobility Profiling und Enrolementprozess zur Einführung der Desk-Sharing-Quoten
    > - Einbezug der Mitarbeiter bei Entscheidung über Design- und Farbaspekte

    8.3 in der Nachbearbeitung des Projekts

    > - Strukturierte, quantitativ auswertbare Feedbackmeetings und Lessons-Learned-Workshops
    > - Housekeeping-Prozess zur Nachhaltung der Sharing-Ratios
    > - Online-Nachbefragung ist ausstehend

9. Effektivität: Sind die Ergebnisse erzielt worden, die erwartet wurden? Worin zeigte sich der Erfolg? Office Balanced Score Card

9.1 in Kosten

- Einführung von Desk Sharing zwischen 1:1,15–1,3
- Signifikante Reduzierung der Kosten pro Umzug

9.2 in Zufriedenheit/Wohlbefinden (Befragungsergebnisse der Mitarbeiter)

- Feedbackmeetings und Lessons-Learned-Workshop zeigen hohe Zufriedenheit mit dem Arbeitsplatzkonzept sowie mit der Changemanagement-Begleitung
- Online-Nachbefragung ist ausstehend

9.3 in Veränderungen (Prozesse, Ideen, Qualität, Führungskultur)

- Verbesserte Kommunikation zwischen Mitarbeiter und Führungskraft
- Erhöhter informeller Austausch
- Umdenken von „mein Arbeitsplatz" zu „meine Nachbarschaft"
- Flexible Abbildbarkeit von Team- und Projektstrukturen im Arbeitsplatzkonzept

9.4 in Imagegewinn (Ansehen bei Kunden, bei Recruiting-Aktionen)

- Externe Kunden bewerten das Konzept sehr positiv
- Bewerbungsgespräche werden nun auf den neuen Flächen geführt

10. Welches ist absolut notwendig(Must) und was wünschenswert (Nice to have) für nachhaltigen Erfolg, vor, während und nach dem Projekt? lessons learned

	Must	Nice to have
Ergonomie	x	
Akustik, Beleuchtung, Klima	x	
Design, Ambiente		
Kommunikation	x	x
Führungsleitlinien	x	
Changemanagement	x	
Architektonische Gestaltung	x	
Einbindung der Führungskräfte	x	
Beteiligung der Mitarbeiter	x	
Einbinden des Betriebsrates	x	

Bemerkung:

Ob die oben genannten Faktoren Must oder Nice to have sind, hängt stark von den dem Projekt zugrunde liegenden Zielen und dem Grad der Veränderung ab. Im vorliegend geschilderten Beispiel war die Erhöhung der Mitarbeiterzufriedenheit ein wichtiges Ziel und gleichzeitig der Grad der Veränderung eher hoch (Einführung von nicht territorialem Arbeiten und Umzug des mittleren Managements in offene Flächen), sodass die Bedeutung von Themen wie Design/Ambiente zu einem wichtigen Argument und die Einbindung der Beteiligten auf allen Hierarchieebenen zu einem Erfolgsfaktor wurden.

g) Erfahrungsbericht aus Kapitel 4.5

Wie haben Sie die grossen sog. Strukturumzüge persönlich erlebt?,
Ludwig Lommer, Munich RE

Unternehmen

Munich RE

1. Anlass des Projekts

☐ Neubau   ☐ Umbau   ☒ Umzug   ☐ Umorganisation   ☐ Sonstige

Wegen Strukturänderung

2. Welche Mitarbeitergruppe war betroffen?

☐ Kaufleute   ☒ Techniker/Ingenieure   ☒ Naturwissenschaftler

☐ Personaler   ☐ Sonstige

3. Über welchen Zeitraum erstreckte sich das Projekt?

08/08–03/09

4. Welches sind aus Ihrer Sicht absolut notwendige Massnahmen (Must) und
wünschenswerte (Nice to have)?

	Must	Nice to have
Akustik, Beleuchtung, Klima	x	
Kommunikationsspielregeln	x	
Führungsleitlinien		x
Architektur		x
Beteiligung der Mitarbeiter	x	
Einbindung des Betriebsrats	x	
Sonstige Einbindung der Vorgesetzten	x	

h) Erfahrungsbericht aus Kapitel 4.6

Umzug in die Edmund-Rumpler-Strasse – vom Zellenbüro in Open Space, Mathias Brandt, LH Bundeswehr Bekleidungsgesellschaft mbH

Unternehmen

> LH Bundeswehr Bekleidungsgesellschaft mbH

Projektbezeichnung   (nicht klassische Projektdefinition, auch Einzelaktion, Routinemassnahmen)

> Neubau

1. Ziel des Projekts?

Wozu sollte das Projekt durchgeführt werden? Was sollte erreicht werden? Welchen Beitrag soll das Projekt zu den Unternehmens-/Geschäftszielen leisten?

> Die schnell wachsende Mitarbeiterzahl führte zur Anmietung externer Büros. Eine hinreichende Kommunikation untereinander war schwierig, die Organisation der verschiedenen Infrastrukturen war nur mit erhöhtem Aufwand möglich. Auf der Suche nach größeren Räumlichkeiten wurde die Anmietung eines Neubaus entschieden.

2. Anlass des Projekts

☒ Neubau   ☐ Umbau   ☐ Umzug   ☐ Umorganisation   ☐ Sonstige

3. Welche Mitarbeitergruppe war betroffen?

☐ Kaufleute   ☐ Techniker/Ingenieure   ☐ Naturwissenschaftler

☐ Personaler   ☒ alle Funktionen   ☐ Sonstige

4. Über welchen Zeitraum erstreckte sich das Projekt?

> 1,5 Jahre

5. Welche Teamstruktur des Projektteams war vorhanden (Gremien)? Wer war eingebunden?

> Die Projektleitung hatte die Abteilung Liegenschaften inne. Die Entscheidungsstrukturen innerhalb der anderen Abteilungen wurde bei der Planung der Arbeitsplätze genutzt. Verantwortung für fachspezifische Themen (z. B. IT-Infrastruktur) wurde an die entsprechenden Abteilungen übergeben. Externe Berater wurden punktuell eingesetzt.

6. Welche Ausgangssituation war vorhanden?

6.1 Was sollte/musste beibehalten werden?

> Die Organisationsabläufe in den einzelnen Abteilungen, das Gebäudesicher-
> heitskonzept, die IT-Infrastruktur und die Bürodienstleistungen (z. B. Reini-
> gung, Empfangsservice, Telefonmanagement, Hausmeisterdienste) hatten
> sich etabliert und sollten beibehalten werden. Der Umgang mit Bekleidung
> erforderte weiterhin viel Stauraum in unmittelbarer Nähe zum Arbeitsplatz.

6.2 Was sollte/musste verändert werden? (Mängel, Defizite, …)

> Abteilungsübergreifende Kommunikation war einerseits wegen der räumlichen
> Distanz schwer möglich. Die alte Bürostruktur war diesbezüglich ebenfalls
> nicht förderlich. Vornehmlich Einzel- und Gruppenbüros mit 4–6 Mitarbeitern
> bestimmten das Bild. Das Gebäude war wenig repräsentativ. Die Räume wirk-
> ten allgemein relativ dunkel.

7. Welche Barrieren, Hürden, Tasks – vorhergesehene und unvorhergesehene – waren zu
   überwinden/zu bewältigen?

> - Unsicherheiten bei den Mitarbeitern durch den Wechsel vom Zellenbüro in
>   eine Open-Space-Landschaft sollten abgebaut werden.
> - Weniger Stellplatz für Aktenschränke bedingte die Einrichtung eines
>   größeren Archivs.
> - Der Neubau musste der dynamischen Unternehmensstruktur gerecht
>   werden und ein hohes Maß an Flexibilität aufweisen.
> - Die Arbeitsfähigkeit musste nach dem Umzug schnellstmöglich wieder
>   hergestellt werden.

8. Was hat sich beim Vorgehen bewährt? Jeweils 3 Nennungen

8.1 als Vorbereitung vor dem Beginn des Projekts

> - frühzeitige Einbeziehung aller Mitarbeiter in die Planung,
> - Auseinandersetzung mit den Anforderungen an moderne
>   Arbeitsplatzstrukturen,
> - ausgiebige Analyse des lokalen Immobilienmarktes.

8.2 während des Projekts

> - gezieltes Heranführen der Mitarbeiter an das neue Bürokonzept durch
>   Befragungen und Workshops,
> - Beteiligung der Mitarbeiter an der Ideenfindung zum Innendesign (z. B.
>   Themen der Besprechungsräume, Umsetzung von CI in den Abteilungen),
> - flache Entscheidungshierarchien.

8.3 in der Nachbearbeitung des Projekts

- fortwährendes Umsetzen von Gestaltungsideen im gesamten Gebäude,
- Realisierung von Detaillösung zur Steigerung der Produktivität (z. B. Verkürzung von Transportwegen),
- Nutzung von Synergieeffekten beim Changemanagement in anderen Unternehmen innerhalb der Firmengruppe.

9. Effektivität: Sind die Ergebnisse erzielt worden, die erwartet wurden? Worin zeigte sich der Erfolg? Office Balanced Score Card

9.1 in Kosten

Es konnte ein niedrigerer Mietpreis pro Quadratmeter im Neubau erzielt werden.

9.2 in Zufriedenheit/Wohlbefinden (Befragungsergebnisse der Mitarbeiter)

Die Mitarbeiterbefragung zeigte einen hohen Grad an Zufriedenheit in den Kernbereichen „Zusammenarbeit und Kommunikation", „Infrastruktur" und „Gesundheit – Wohlfühlen – Motivation". Entscheidend hierbei war die Ausrichtung der Arbeitsplatzstrukturen an den Wünschen der Nutzer. Das führte zu „maßgeschneiderten" Lösungen und einer Durchmischung verschiedener Büroformen (Open Space, Einzel- und Gruppenbüros).

9.3 in Veränderungen (Prozesse, Ideen, Qualität, Führungskultur)

Die Kontaktmöglichkeiten werden durch das Angebot an Begegnungs- und Kommunikationszonen gefördert. Die Zusammenarbeit zwischen Mitarbeitern und Vorgesetzten und der informelle Austausch haben sich ebenso verbessert wie die Effizienz von Abläufen.

9.4 in Imagegewinn (Ansehen bei Kunden, bei Recruiting-Aktionen)

Das Design des Neubaus und der Arbeitswelten führte zu einem Imagegewinn bei Kunden und Mitarbeitern. Marketingaktionen für die eigenen Produkte werden durch die Architektur und die Ausstattung unterstützt und werden erfolgreich durchgeführt.

10. Welches ist absolut notwendig (Must) und was wünschenswert (Nice to have) für nachhaltigen Erfolg, vor, während und nach dem Projekt? lessons learned

	Must	Nice to have
Ergonomie	x	
Akustik, Beleuchtung, Klima	x	
Design, Ambiente	x	
Kommunikation	x	
Führungsleitlinien	x	
Changemanagement	x	
Architektonische Gestaltung		x
Einbindung der Führungskräfte	x	
Beteiligung der Mitarbeiter	x	

Adressverzeichnis des Flexible-Office-Netzwerks

Wissenschaftliche Leitung des Netzwerks

Institut für Arbeitsforschung und
Organisationsberatung GmbH
iafob deutschland
Dieter Boch
Lärchenstrasse 23
D-85646 Anzing bei München

Tel.: + 49 (0) 8121-2 5072 23
Fax: + 49 (0) 8121-2 507 224
dieter.boch@iafob.de
www.iafob.de

Netzwerkmitglieder

Accenture Dienstleistungen GmbH
Björn Kollmeier, Claudia Repp
Campus Kronberg 1
D-61476 Kronberg im Taunus
bjoern.kollmeier@accenture.com
claudia.repp@accenture.com

Brose Fahrzeugteile GmbH & Co. KG
Katrin Tendijck
Ketschendorfer Straße 38–50
D-96450 Coburg
Katrin.Tendijck@brose.com

F. Hoffmann-La Roche AG
Ulrich Ahlers
Grenzacherstraße 124
CH-4070 Basel
ulrich.ahlers@roche.com

Munich RE
Ludwig Lommer
Königinstraße 107
D-80802 München
Llommer@munichre.com

Paul Hettich GmbH & Co. KG
Detlev Kruse, Hans Kurzknabe
Vahrenkampstrasse 12–16
D-32278 Kirchlengern
detlev_kruse@de.hettich.com
hans_kurzknabe@de.hettich.com

REHAU AG+Co
Thorsten Zwenzner
Otto-Hahn-Straße 2
D-95111 Rehau
thorsten.zwenzner@rehau.com

rheform GmbH
Prof. Dr. Christine Kohlert, Dr. Pe-Ru Tsen
Herzogspitalstrasse 8
D-80331 München
christine.kohlert@rheform.de
pe-ru.tsen@rheform.de

SCA Hygiene Products SE
Michael Klein
Adalperostraße 86
D-85737 Ismaning
michael.klein@sca.com

Schweizerische Bundesbahnen SBB
Stefan Holzinger
Effingerstrasse 15
CH-3000 Bern 65
stefan.holzinger@sbb.ch

Siemens AG
Kathrin Fehse
Otto-Hahn-Ring 6
D-81739 München
kathrin.fehse@siemens.com

Sparkasse Holstein
Rainer Triebwasser
Am Rosengarten3
D-23701 Eutin
rainer.triebwasser@sparkasse-holstein.de

STRABAG Property and Facility Services
Andreas Lindenstruth, Manfred Hemesath
Bleichstrasse 52
D-60313 Frankfurt/M.
a.lindenstruth@strabag-pfs.com
manfred.hemesath@strabag-pfs.com

Swisscom Immobilien AG
Michael Neff, Adelheid Hasler
Alte Tiefenaustrasse 6
CH-3048 Worblaufen
michael.neff@swisscom.com
adelheid.hasler@swisscom.com

T-Systems Schweiz AG
Björn Sigl, Tanja Stutz
Industriestrasse 21
CH-3052 Zollikofen
bjoern.sigl@t-systems.com
tanja.stutz@t-systems.ch

Beraterkreis des Flexible-Office-Netzwerks

if5 anders arbeiten
Bernd Fels
Major-Hirst-Straße 11
D-38442 Wolfsburg
B.Fels@if5.org

TotalOfficePerformance AG
Marcel A. Fuchs
Cordaststrasse 10
CH-3212 Gurmels
maf@toporg.ch

Institut für Arbeitsforschung und
Organisationsberatung GmbH
Prof. Dr. Dr. h.c. Eberhard Ulich
Obere Zäune 11
CH-8001 Zürich
eberhard.ulich@iafob.ch

WeberWürschinger
Gesellschaft von Architekten mbH
Klaus Würschinger
Klosterstraße 44
D-10179 Berlin
kw@weberwuerschinger.com

iSOLVE GmbH
Ulrich Bönkemeier
Amsinckstraße 57
D-20097 Hamburg
u.boenkemeyer@isolve.de

Literaturverzeichnis

Capgemini Consulting (2010). *Change Management Studie 2010. Business Transformation – Veränderungen erfolgreich gestalten.* München.

DEBA – Deutsche Employer Branding Akademie (2006). *Employer Branding Definition.* Online: http://www.employerbranding.org/employerbranding.php?PHPSESSID=6950d7966e57eca8 405ce8ddd92a251f.

Dirks, K.T. & Ferrin, D.L. (2002). *Trust in leadership: Meta-analytic findings and implications for research and practice.* Journal of Applied Psychology, 87, S. 611–628.

Doppler, K. & Lauterburg C. (2008). *Change Management: Den Unternehmenswandel gestalten.* 12. aktualisierte und erweiterte Auflage, Frankfurt am Main: Campus Verlag.

Evans, G.W. (1979). *Design implications of spatial research.* In: Aiello, J.R. & Baum, A. Residential Crowding and Design. New York: Plenum.

Fenker, M. (1996). *The evolution of space planning concepts in Europe.* In: A new approach towards office environment – mobility as a driving force; Conference, Paris, 24.04.1996.

Fischer, M. & Stephan, E. (1984). *Ökopsychologische Analyse mobilitätsbedingter Anpassungsprozesse bei Individuum und Familie.* In: Kuggemann, W.F.; Preisler, S. & Schneewind, K.A. (Hrsg.) Psychologie und komplexe Lebenswirklichkeit. Festschrift zum 65. Geburtstag von Walter Toman (S. 253–276). Göttingen: Hogrefe.

Fischer, M. & Stephan, E. (1996). *Kontrolle und Kontrollverlust.* In: Kruse, L; Graumann, C.F. & Lantermann, E.-D. (Hrsg.) Ökologische Psychologie. (S. 166–175). München: PVU.

Gifford, R. (1997). *Environmental Psychology. Principles and Practice.* Boston: Allyn and Bacon.

Hellbrück, J. & Fischer, M. (1999). *Umweltpsychologie – Ein Lehrbuch.* Göttingen: Hogrefe.

Kannheiser, W. (1989). *Überlegungen zur Büroraumgestaltung.* Zeitschrift für Personalforschung, Heft 4, S. 327–337.

Kelter, J. (2002). *Entwicklung einer Planungssystematik zur Gestaltung der räumlich-organisatorischen Umwelt.* Heimsheim: Jost Jetter Verlag.

Klendauer, R. & Streicher, B. & Jonas, E. & Frey, D. (2006). *Fairness und Gerechtigkeit.* In: Bierhoff, H.-W. & Frey, D. (Hrsg.) Handbuch der Sozialpsychologie und Kommunikationspsychologie (S. 187–195). Göttingen: Hogrefe.

Konkol, J. (2010). Masterthesis: *Psychologisch orientiertes Flächenmanagement bei der Konzeption und Implementierung von neuen Bürokonzepten – Eine empirische Studie zur Untersuchung der Einflüsse von Unternehmenskultur, Tätigkeitsprofil und individuellen Aspekten auf den Flächengestaltungsprozess.* Erding: Fachhochschule für angewandtes Management Erding.

Kotter, J.P. (2008). *Das Prinzip der Dringlichkeit – Schnell und konsequent handeln im Management.* Frankfurt am Main: Campus Verlag.

Kruse, L. (1980). *Privatheit als Problem, Gegenstand der Psychologie.* Bern: Huber.

Kruse, L. & Graumann, C.F. (1978). *Sozialpsychology des Raumes und der Bewegung.* Kölner Zeitschrift für Soziologie und Sozialpsychologie, Heft 20, S. 177–219.

Kruse, P. (2010). *Next practice – Erfolgreiches Management von Instabilität.* 5. Auflage. Offenbach: Gabal Verlag.

Lewin, K. (1958). *Group decision and social change.* In: Maccoby, E.E., Newcomb, T.M. & Hartley, E.L. Readings in Social Psychology, 3. Auflage, New York (S. 197–211).

Martin, P. (o.J.). *Planung gesunder Büros.* Online: http://www.dr-peter-martin.de/home/pdfs/planung%20gesunder%20bueros.pdf. Abgerufen am: 11.02.2010.

Miller, R. (1986). *Einführung in die ökologische Psychologie.* Opladen: Leske + Budrich.

Moewes, W. (1980). *Grundfragen der Lebensraumgestaltung. Raum und Mensch*

Müller, G.F. & Nachreiner, F. (1985). *Subjektive Räume und tätigkeitsrelevante Erlebnisqualitäten im Büro.* Zeitschrift für Arbeits- und Organisationspsychologie, Heft 1, S. 15–24.

Mummendey, H.D. (1990). *Psychologie der Selbstdarstellung.* Göttingen: Hogrefe.

Neuberger, O. (2006). *Mikropolitik und Moral in Organisationen: Herausforderung der Ordnung.* 2. Auflage. Stuttgart: Lucius & Lucius Verlagsgesellschaft mbH.

Nietzsche, F. (1912). *Der Wille zur Macht.* Leipzig: A. Kröner.

Oswald, M.E. (2006). *Vertrauen in Personen und Organisationen.* In: Bierhoff, H.-W. & Frey, D. (Hrsg.) Handbuch der Sozialpsychologie und Kommunikationspsychologie (S. 710–716). Göttingen: Hogrefe.

Probst, R. (1972). *Das Büro – Eine flexible Einrichtung.* Basel: Hermann Miller.

Regoeczi, W.C. (2003). *When context matters: a multilevel analysis of household and neighbourhood crowding on aggression and withdrawal.* Journal of Environmental Psychology, 23, S. 457–470.

Reichers, A.E. & Wanous, J.P. & Austin, J.T. (1997). *Understanding and manageing cynism about organizational change.* In: Academy of Management Executive Vol. 11, No. 1. S. 48–59.

Rosenstiel, L.v. (2007). *Grundlagen der Organisationspsychologie.* 6., überarbeitete Auflage. Stuttgart: Schäffer-Poeschel.

Schirmer-Ries, F. & Luzens, M.-A. (2003). *Widerstand und Ambivalenz im Veränderungsprozess – am Beispiel eines Flexible-Office-Projektes.* In: zfo wissen, 6/2003.

Schweizer-Ries, P. & Fuhrer, U. (2006). *Crowding.* In: Bierhoff, H.W. & Frey, D. (Hrsg.) Handbuch der Sozialpsychologie und Kommunikationspsychologie (S. 565–574; S. 777–783). Göttingen u.a.: Hogrefe Verlag.

Skinner, E.A. (1996). *A Guide to Constructs of Control.* Journal of Applied Social Psychologie, 3, S. 549–570.

Stokols, D. (1972). *The experience of crowding in primary and secondary environment.* In: Environment & Behavior, Heft 8, S. 49–86.

Ulich, E. & Wülser M. (2010). *Gesundheitsmanagement im Unternehmen* – Arbeitspsychologische Perspektiven. 4. Auflage. Wiesbaden: Gabler Verlag.

Ulich, E. & Wiese, B.S. (2011). *Life Domain Balance – Konzepte zur Verbesserung der Lebensqualität.* Wiesbaden: Gabler Verlag.

Ulich, E. (2011). *Arbeitspsychologie.* 7. überarbeitete und erweiterte Auflage. Zürich: vdf Hochschulverlag AG an der ETH Zürich/Stuttgart: Schäffer-Poeschel Verlag.

Walden, R. (2008). *Architekturpsychologie: Schule, Hochschule und Bürogebäude der Zukunft.* Lengerich: Pabst Science Publishers.

Zinser, S. (2004). *Flexible Arbeitswelten – Handlungsfelder, Erfahrungen und Praxisbeispiele aus dem Flexible-Office-Network.* Schriftenreihe Mensch – Technik – Organisation. Ulich, E. & Institut für Arbeitsforschung und Organisationsberatung (Hrsg.). Zürich: vdf Hochschulverlag AG an der ETH Zürich.

Zinser, S. & Boch, D. (2006). *Flexible Arbeitswelten. So geht's! DO's and DON'Ts aus dem Flexible-Office-Netzwerk.* Schriftenreihe Mensch – Technik – Organisation. Ulich, E. & Institut für Arbeitsforschung und Organisationsberatung (Hrsg.). Zürich: vdf Hochschulverlag AG an der ETH Zürich.

Abbildungsverzeichnis

Abbildung 1:   Arbeiten im heutigen Kontext   17
Abbildung 2:   Wirkungsfelder und Wirkungen eines umfassenden Employer-Brandings
                (Quelle: DEBA 2006)   26
Abbildung 3:   Einfluss der Mitgestaltungsmöglichkeiten auf einzelne Beurteilungen
                (Quelle: Kelter 2002, S. 101)   30
Abbildung 4:   Changemanagement 4-Phasen-Modell   32
Abbildung 5:   Partizipationswünsche nach Thema (Quelle: Konkol 2010)   34
Abbildung 6:   Ranking der Partizipationsthemen (Quelle: Konkol 2010)   35
Abbildung 7:   Typenbeschreibung nach Tätigkeitsprofil (Quelle: Konkol 2010)   37
Abbildung 8:   Zehn Schritte in vier Phasen   38
Abbildung 9:   Bürokonzept am alten Standort   40
Abbildung 10:   Bürokonzept am neuen Standort in der Schlüterstrasse   41
Abbildung 11:   Exemplarische Office-Changemanagement-Roadmap   50
Abbildung 12:   Eingangsbereich   66
Abbildung 13:   Grundriss der alten Büroräume   67
Abbildung 14:   Swissair-Gebäude „Balsberg"   69
Abbildung 15:   Fotos von den Umbauarbeiten   70
Abbildung 16:   Grundriss neue Büroräume   70
Abbildung 17:   Impressionen der neuen Büroräume   71
Abbildung 18:   Broschüre T-One-Office-Concept   73
Abbildung 19:   Kriterien fairer Prozesse
                (Quelle: Klendauer, Streicher, Jonas & Frey 2006, S. 189)   86
Abbildung 20:   Changemanagement-Prozess des Projektbeispiels   99
Abbildung 21:   Büroarbeitsplatzkonzept – 4-Zonen-Modell   103
Abbildung 22:   Visualisierung neues Büroarbeitsplatzkonzept   105
Abbildung 23:   Aufgabenverteilung   107
Abbildung 24:   Veränderungskompetenz nach Führungsebene
                (Quelle: Capgemini Consulting 2010)   122
Abbildung 25:   Veränderungsbereitschaft nach Führungsebene
                (Quelle: Capgemini Consulting 2010)   123
Abbildung 26:   Ergebnisse der Befragung nach dem Einzug   128

Autorenverzeichnis

Dieter Boch

Der Diplom-Psychologe, Jahrgang 1945, ist geschäftsführender Gesellschafter des Instituts für Arbeitsforschung und Organisationsberatung GmbH, iafob deutschland, in Anzing bei München und Leiter des überbetrieblichen Flexible-Office-Netzwerks.

Darüber hinaus ist er Dozent für Führungs- und Innovationsmanagement, für Future-Work-and-Workplace-Design an verschiedenen Fachhochschulen in Österreich und der Schweiz. Seine Beratungsschwerpunkte sind die Gestaltung der Arbeitswelt, der Wandel der Organisationen, das Implementieren von Führungswissen und -kultur und der Einsatz von Changemanagement.
Dieter Boch ist seit vielen Jahren als Berater, Referent und Trainer in Unternehmen unterschiedlicher Branchen tätig. Zuvor war er bei mehreren Unternehmen beschäftigt, u. a. bei der Siemens AG; dort war er im HR-Headquarter verantwortlich für Job-Design-Management: Ideenmanagement, Führungsverhalten, Life Domain Balance, Gesundheitsförderung, Arbeits- und Arbeitszeitgestaltung und Neue Arbeitswelten (Flexible Office). Mehrere Veröffentlichungen in den letzten Jahren zu: Wissensmanagement und Veränderungskompetenz, Führungswissen und Changemanagement.

Jennifer Konkol

B.A. Immobilienwirtschaft, M.A. Wirtschaftspsychologie Jahrgang 1985 studierte Immobilienwirtschaft in Berlin und war parallel mehrere Jahre im Projektmanagement tätig.
Nach dem Abschluss ihres dualen Studiums arbeitete Jennifer Konkol im strategischen Flächenmanagement und absolvierte nebenberuflich ihren Master in Wirtschaftspsychologie. Sie war anschliessend bei AECOM (vormals DEGW), einer strategischen Unternehmensberatung für innovative Arbeitsplatzkonzepte, tätig. Ihr Aufgabenbereich umfasst die Durchführung von Organisationsstudien, die Entwicklung und Umsetzung von Change Management Programmen, sowie die Leitung des europaweiten Center of Excellence Change Management. Derzeit arbeitet sie als wissenschaftliche Mitarbeiterin an der ZHAW Zürcher Hochschule für angewandte Wissenschaften am Institut Facility Management im Team Workplace und ist dort neben ihrer Lehrtätigkeit mit der Durchführung von Forschungsprojekten rund um moderne Arbeitswelten betraut.
Sie war von 2009 bis 2010 Mitglied im Flexible Office Netzwerk.

Mathias Brandt

Dipl.-Ing. Mathias Brandt, M. Sc., Jahrgang 1975, studierte Bauingenieurwesen in Berlin und arbeitete danach mehrere Jahre zunächst als Bauleiter und später als Projektleiter bei der Alcatel AG im Bereich der Kabelnetzerrichtung sowie Betriebssicherungstechnik der Deutschen Bahn AG. Sein Masterstudium im Facility-Management absolvierte er an der Beuth Hochschule für Technik in Berlin. Seitdem arbeitet er im Bereich der Immobilien- und Liegenschaftsbetreuung. Mit dem Thema zeitgemässer Bürostrukturen setzte sich Mathias Brandt beim Aufbau von Arbeitswelten in einem Büroneubau sorgfältig auseinander. Federführend organisierte er den Changemanagement-Prozess unter Einbeziehung der Mitarbeiter und Berücksichtigung der Kernfaktoren Gesundheit, Kommunikation und Arbeitsklima. Seither ist Mathias Brandt verantwortlich für die Begleitung stetiger Veränderungen im Büroumfeld aus wissenschaftlicher und technischer Sicht.

Christoph Heinzelmann

Diplom-Kaufmann, Jahrgang 1958, seit 2002 Mitglied im Flexible-Office-Netzwerk.
Seit mehr als 25 Jahren Erfahrungen im Bereich Facility-Management in verschiedenen Firmen, u. a. bei Hewlett Packard und Accenture. Bei Accenture bis 2006 in der Funktion als Direktor Facilities & Services zuständig für Österreich, Schweiz und Deutschland. Zu den Aufgaben gehörte die Realisierung verschiedener Accenture Büros u. a. in Zürich, Wien, Berlin, Düsseldorf und München sowie des 30.000 m² grossen „Campus Kronberg" bei Frankfurt/Main.
Seit 2007 selbstständiger Berater im F&S- und Changemanagement-Umfeld. Die Schwerpunkte liegen in der Beratung bei der Entwicklung, Umsetzung und Einführung von neuen Arbeitsplatzkonzepten sowie in der Bauherrenbetreuung (Projektmanagement von der Standortsuche bis zur schlüsselfertigen Übergabe von Bürogebäuden).

Christine Kohlert

Die promovierte Architektin und Stadtplanerin, Jahrgang 1953, ist geschäftsführende Gesellschafterin der rheform-WorkplaceInnovation GmbH, die sich mit der Beratung und Planung innovativer Lern- und Arbeitswelten beschäftigt.
Sie beschäftigt sich seit vielen Jahren mit Lern- und Arbeitswelten und dem Zusammenspiel von Raum und Organisation, um damit Innovationen zu generieren, sowie der Nutzereinbeziehung für Erneuerungsprozesse und Methoden der Raumanalyse.
Sie ist Professorin an der Mediadesign Hochschule in München und der FH in Augsburg und hat jahrelang am MIT (Massachusetts Institute of Technology) Seminare und verschiedene Forschungsprojekte betreut. Als Architektin war sie für Henn Architekten und DEGW tätig und arbeitete mit Unternehmen wie BMW, Volkswagen, Ritter Sport, Daimler Chrysler, Deutsche Bahn, Unilever, Merck, Deutsche Bank, Roche u. a. in den USA, Grossbritannien, China, Schweden, Osteuropa. Sie lebte drei Jahre in Tansania, unterrichtete dort an der UCLAS, der Universität in Daressalaam, und arbeitete für die GTZ (Gesellschaft für technische Zusammenarbeit), die Friedrich-Ebert-Stiftung und die Deutsche Botschaft. Im Kosovo verbrachte sie ebenfalls ein Jahr, wo sie an der Universität in Prischtina unterrichtete und verschiedene Stadtentwicklungsprojekte für die GTZ und CHwB (Cultural Heritage without Borders) leitete.

Hans Kurzknabe

Der Diplom-Kaufmann, Jahrgang 1964, ist Marketingreferent bei der Hettich Marketing- und Vertriebs GmbH & Co. KG, Kirchlengern. Hettich ist einer der weltweit führenden Hersteller von Möbelbeschlägen. Die „Technik für Möbel" spielt bei Büromöbeln traditionell eine wichtige Rolle. Sie nimmt Einfluss auf Funktion, Komfort und zunehmend auch auf die Gestaltung.
Im Rahmen seiner Tätigkeit befasst sich Hans Kurzknabe mit langfristigen Bürotrends, Roadmaps und innovativen Bürokonzepten. Er hält regelmässig Präsentationen bei Büromöbelherstellern und Fachhändlern. Die Netzwerkarbeit umfasst sowohl das Flexible-Office-Netzwerk als auch die Mitarbeit bei Future Bizz. Zuvor war in bei mehreren Unternehmen im Vertrieb und im Marketing tätig.

Andreas Lindenstruth

Andreas Lindenstruth (42) ist Leiter Flächenmanagement bei der STRABAG Property and Facility Services GmbH. Er betreut grosse Corporate-Kunden wie z. B. die Deutsche Telekom und Hypo-Vereinsbank und weitere namhafte Non-Corporate-Unternehmen wie z. B. DEKA, IVG oder Generali Deutschland. Zusammen mit seinem Team erbringt er für diese Kunden vielfältige Planungs- und Beratungsleistungen auf Portfolio-, Objekt- und Arbeitsplatzebene und begleitet seine Auftraggeber bei der Umsetzung. Insgesamt managt der Bereich eine Fläche von über 18 Mio. m² Mietflächen in ca. 36.000 Objekten und zieht ca. 25.000 Arbeitsplätze pro Jahr um.
Andreas Lindenstruth studierte Betriebswirtschaft und war anschliessend als Geschäftsführer eines Beratungsunternehmens im Bereich Immobilienmanagement für verschiedene namhafte Kunden (u. a. Accenture, DekaBank etc.) europaweit tätig, bevor er 2006 zu STRABAG Property and Facility Services wechselte. Er ist seit vielen Jahren als Berater, Referent und Trainer für Unternehmen verschiedener Branchen tätig und veröffentlichte bereits mehrere Artikel in Fachzeitschriften über moderne Flächennutzungskonzepte, Immobilienportfoliooptimierung und effizientes Immobilienmanagement.

Ludwig Lommer

Versicherungskaufmann, Jahrgang 1951, seit 1968 Mitarbeiter der Munich RE und seit 1999 Leiter des Zentralbereiches Services in München. Unter anderem war Ludwig Lommer 14 Jahre Betriebsratsvorsitzender und 11 Jahre Mitglied des Aufsichtsrats der Munich RE.
Ludwig Lommer ist Mitglied des Flexible-Office-Netzwerks des iafob Deutschland und Mitglied der Münchner Verwaltungsleiter für Banken und Versicherungen.
Darüber hinaus ist Ludwig Lommer im Wirtschaftsbeirat des Fremdenverkehrsvereins Schliersee und Beiratsmitglied im Verein Schliersee Tourist Scouts e. V.

Michael Neff

Der Diplom-Ingenieur (Technische Universität Darmstadt) und Master of Science Real Estate (Nottingham Trent University, UK), Jahrgang 1968, vertritt das Ressort Governance bei Swisscom Immobilien. In diesem strategischen Aufgabenbereich des Corporate-Real-Estate-Managements verantwortet er die konzernübergreifende Immobiliendirektive und das Büroarbeitsplatzkonzept von Swisscom, dem in der Schweiz führenden Unternehmen für Telekommunikation und Informationstechnologie mit etwa 19.000 Mitarbeitenden.

In seiner Zuständigkeit entwickelt er die Standards der Arbeitsplatzgestaltung und des Corporate-Real-Estate-Managements. Als Fachbereichsvertreter stellt er die Umsetzung bei sämtlichen Standort- und Flächenkonzepten sicher und treibt die Themen Moderne Arbeitswelt, Mobiles Arbeiten und Zukunftsinnovationen für Swisscom voran. Sein Auftrag berührt oder beinhaltet zahlreiche thematisch benachbarte Themenfelder, inbegriffen strategisches Changemanagement.

Michael Neff war viele Jahre in der Immobilienbranche für unterschiedliche Unternehmungen der Immobilienprojektentwicklung, der Real-Estate-Beratung, des Corporate-Real-Estate-Managements und des Asset-Managements institutioneller Anleger tätig.

Björn Sigl

Der im Jahre 1968 geborene Schweizer arbeitet nach einer handwerklichen Grundausbildung und Weiterbildungen in den Bereichen Netzwerktechnik, Projektleitung und Wirtschaftsinformatik bei der T-Systems Schweiz AG. Er ist landesverantwortlich für das Facility-Management, welches u. a. für die Organisation und Gestaltung der Büroumgebung verantwortlich ist. Die langjährige Mitarbeit im Flexible-Office-Netzwerk bildete den Grundstein für die Entwicklung des firmeneigenen Bürokonzeptes T-One, welches seit drei Jahren erfolgreich in der Schweiz umgesetzt wird und in vielen Konzerneinheiten der Deutschen Telekom als Referenzprojekt dient.

Tanja Stutz

Die eidg. dipl. Kauffrau, Jahrgang 1977, ist seit 11 Jahren Mitarbeiterin bei der T-Systems Schweiz AG und im Bereich Facility-Management tätig. In ihrer Tätigkeit befasst sie sich mit Raumkonzepten, Ergonomie am Arbeitsplatz und Changemanagement. Dabei spielt für sie der Wohlfühlfaktor der Ressource Mensch eine wichtige Rolle. Über Changemangement wird in ihrem Unternehmen nicht nur diskutiert, sondern es werden auch täglich entsprechende Maßnahmen umgesetzt und auch in Projekten angewendet. Tanja Stutz ist seit zwei Jahren Mitglied im Flexible-Office-Netzwerk.